甘肃五大道地药材栽培技术及生产加工器具

GANSU WUDA DAODI YAOCAI ZAIPEI JISHU JI SHENGCHAN JIAGONG QIJU

陈 垣 胡芳弟 柴国林 / 主编

蘭州大學出版社
LANZHOU UNIVERSITY PRESS

图书在版编目（C I P）数据

甘肃五大道地药材栽培技术及生产加工器具 / 陈垣，
胡芳弟，柴国林主编. -- 兰州 : 兰州大学出版社，
2024.8
ISBN 978-7-311-06601-7

Ⅰ. ①甘… Ⅱ. ①陈… ②胡… ③柴… Ⅲ. ①药用植
物—栽培技术—甘肃 Ⅳ. ①S567

中国国家版本馆CIP数据核字(2024)第007733号

责任编辑 包秀娟 赵 方
封面设计 汪如祥

书　　名 甘肃五大道地药材栽培技术及生产加工器具
作　　者 陈 垣 胡芳弟 柴国林 主编
出版发行 兰州大学出版社 （地址：兰州市天水南路222号 730000）
电　　话 0931-8912613（总编办公室） 0931-8617156（营销中心）
网　　址 http://press.lzu.edu.cn
电子信箱 press@lzu.edu.cn
印　　刷 广西昭泰子隆彩印有限责任公司
开　　本 787 mm×1092 mm 1/16
印　　张 12.25
字　　数 244千
版　　次 2024年8月第1版
印　　次 2024年8月第1次印刷
书　　号 ISBN 978-7-311-06601-7
定　　价 108.00元

（图书若有破损、缺页、掉页，可随时与本社联系）

前言

蒙古高原、青藏高原、黄土高原在这里交会，造就了独特的自然条件和农业文明；伏羲文化、先秦文化、敦煌文化在这里起源，孕育出了绵长的历史文脉；黄帝在这里问道，内经古韵方得传千年；皇甫在这里济世，针灸之术得以惠天下。

这里，就是甘肃，自古以“千年药乡”“天然药仓”著称，是全国道地、优势地产中药材主产区之一。陶弘景在《本草经集注》中记载，黄芪“第一出陇西洮阳，色黄白甜美，今亦难得”；李时珍在《本草纲目》记载，当归“宕州最胜”。

自古以来，甘肃人民在生产中药材的过程中创造了大量的生产工具，从土壤的耕作到中药材的加工，各类器具复杂多样。时至今日，虽然传统手工工具逐渐退出历史舞台，现代化机械设备逐步普及，但为了让年轻读者更好地了解农具的变迁过程，感受药农在生产实践中展现出来的智慧，同时为了从本真的角度展现药农对中药发展做出的贡献，作者编著了本书。

本书共分上下两篇：技术篇和器具篇。技术篇从栽培技术、田间管理、采收与加工等方面，介绍了甘肃广泛种植、市场前景较好的五大道地药材的规范化种植技术。器具篇先从综合器具着手介绍加工农具的工具，再以药材生产流程为主线，依次从土壤耕作、田间管理、采收和产地加工器具展开，着重介绍中药材生产工具。其中，器具介绍以器具及其使用场景照片为主，配简洁文字，说明器具的渊源、用途等，通过先古后今的顺序呈现了中国传统药材生产加工器具的变迁过程，以及这些器具对中国农业历史的深远影响。当你看到那些保留着汗渍与泥土陈迹以及磨练和锈蚀伤痕的器具照片，以及药农为了药材品质依旧沿袭揉搓、发汗、薪柴燃烟熏干等费工费时的高成本药材加工方法的场景照片时，你将体会到药农劳作的千辛万苦，但同时也将感悟到正是他们精益求精的执着追求，才保障了中华医药的传承。

本书编著内容设计来源于胡芳弟教授，大部分传统农具照片由陈垣多年拍摄积累，部分绘制图片由陈垣根据记忆描绘，现代机械设备由胡芳弟、郭凤霞、邱黛玉、蔡子平、杨小平等拍摄，也有少部分图片由药农赠予，部分工具名称和发音由兰州大学陈晓强教授指导确定，在此一并表示感谢！

由于编写时间仓促，书中错误之处在所难免，欢迎读者批评指正。

编　者

2024年3月31日

目录

技术篇

器具篇

技术篇

第一章
甘肃大宗药材栽培技术

第一节　党参栽培技术

一、栽培技术

1. 选地整地

选择土层深厚、排水良好的地块。前茬作物为禾本科或豆科作物。秋季收获作物后将土壤深翻20～30 cm，每公顷施入30 t的腐熟农家肥。移栽前结合耕地情况，施入纯氮375 kg/hm^2，纯磷225 kg/hm^2，有条件的可施入生物菌肥。

2. 种子生产和育苗

（1）种子挑选

挑选当年产的优质党参种子，以籽粒饱满、无霉变、无虫蛀、发芽率90%以上、千粒重0.27 g以上为好。检查合格后，进行播种。

（2）播种

3月下旬至4月上旬、温度10 ℃以上时进行播种，可条播或撒播。播种时，先将种子与等量细土混合均匀，撒施苗床后压实，使种子与土壤紧密结合，以利于出苗。条播每亩需种子5～6 kg，撒播每亩需种子6～8 kg，墒情较差的地块可适当增加播量。条播时，行距10 cm，沟深3～5 cm，播后覆土0.3～0.5 cm，镇压。撒播时，先翻地，后撒种，再耙耱2遍，使种子和土壤紧密结合，平均播深0.3～0.5 cm。播后立即覆盖秸秆，秸秆量为每亩300 kg，出苗时揭去秸秆。

（3） 种苗挑选

将腐烂或苗体有病斑、虫伤、割伤、擦伤、折断的伤病苗，以及根较细难以快速生长的小苗除去。选择健壮、无病虫感染、无机械损伤、表面光滑、苗子质地柔软、苗长17 cm以上、直径0.35 cm以上、无分叉及头部留有1～2个芽的参苗。

（4）种苗规格

1级种苗：根长23 cm以上，根直径0.45 cm以上，条直，无明显侧根，无破损，无烂根，无病害，芽孢完整。

2级种苗：根长17～23 cm，根直径0.35～0.45 cm，条直，少数侧根，稍有破损，无烂根，无病害，芽孢完整。

3级种苗：根长11～17 cm以下，根直径0.25～0.35 cm，条弯，侧根多，稍有破损，偶有烂根和病害，芽孢不完整。

3. 移栽

土壤解冻后、种苗萌芽前移栽。按株距6～10 cm、行距20～25 cm，开沟移栽，沟深12～15 cm，保持党参种苗根系自然舒展，覆土超过根头2～3 cm。

4. 施肥

（1）基肥

在整地前先把基肥均匀撒施在地表，接着翻耕土壤，确保土肥充分均匀混合。如果植区山高坡陡，运送大量农家肥不方便，可配合使用腐殖酸含量高的豆饼，以补充有机质的损耗。农家肥一般每亩施1000～2000 kg，或人工撒施商品有机肥每亩120 kg。有机肥必须采用堆肥的方法达到无害化，不应施用未充分腐熟的有机肥和未达到无害化指标的人畜粪尿。选用化肥应达到国家有关产品质量标准，避免使用重金属及放射性元素超标的磷肥。

（2）追肥

如发现缺肥现象，可结合降雨追施2～3次水溶性有机肥。不宜在下雨时进行追肥，最好选在下雨前进行。每亩每次施用10～15 kg。

5. 中耕除草

党参苗移栽后，田间杂草生长迅速，且与党参苗争肥、争水、争光，如不及时拔除，将会造成草荒，故要及时除草。在出苗期除杂草，由于此时杂草苗小根浅易拔，故可省工省时。除草是使党参优质丰产的关键措施之一。一般在党参苗移栽后30天时进行第一次中耕除草，此时苗子未出齐，主要工作是拔草；当苗藤蔓长达5～10 cm时进行第二次中耕除草，主要用小铲子铲除杂草，并进行松土；直至苗藤蔓长25 cm时进行第三次中耕除草，切记除草时不要切伤或碰坏党参苗。

6. 搭架

苗高30 cm时，要搭设支架，使茎蔓攀援向上生长，以利通风透光，防止因田间湿度过大而发生病害。

7. 打顶

在生长中期，如果地上部分生长过旺、藤蔓太厚，会使下面部分光照不足，此时可以进行打尖整治。将地上部分过旺枝蔓割去15～20 cm，限制地上部分枝蔓生长，改良光照条件，使地下藤蔓能够正常生长。

8. 灌溉与排水

党参产区大多数没有灌溉条件，通常通过土壤耕作接纳雨水，或通过覆盖来达到保墒效果，如遇到干旱可以拉水补灌。雨水较多的地区需注意排水。整地时根据地形整好排水沟渠，使田间积水能够顺利排出。移栽时深开沟、浅覆土，形成一道道小蓄水沟，达到下小雨时集雨蓄墒的目的。每年春季和雨季前及时清理排水沟，把容易形成积水的地方疏通，防止堵塞。暴雨过后，及时派人查看，若发现有冲毁的排水沟则要及时补修，防止烂根。

二、田间管理

1. 中耕除草

出苗后见草就除，松土宜浅，封垄后停止。

2. 追肥

育苗时一般不追肥，移栽后通常在搭架前追施农家肥15000～22500 kg/hm^2，施后要培土。

3. 灌排

移栽后要及时灌水，以防党参苗干枯，保证出苗。成活后可不灌或少灌，以防党参苗徒长。雨季注意排水，防止烂根。

4. 搭架

苗高30 cm时要搭架，架材可就地取材，如木棒、竹竿均可选取。搭架有利于党参茎蔓攀架生长，通风透光，增加光合作用面积，提高抗病能力。

三、病虫害防治

在进行病虫害防治时，应遵循《农药合理使用准则（七）（GB/T 8321.7—2002）》安全合理地使用农药。

1. 白粉病

（1）症状

叶片、叶柄及果实均受害。初期叶片两面产生白色小粉点，后扩展至全叶，叶面覆盖稀疏的白粉层。后期在白粉中产生黑色小颗粒，即病菌的闭囊壳。病株长势弱，叶发黄卷曲。

（2）防治方法

发病初期用20%三唑酮乳油2000倍液或12.5%烯唑醇可湿性粉剂2000倍液喷雾防治。

2. 斑枯病

（1）症状

早期叶面形成小型多角形、圆形或近圆形褐色病斑。边缘紫褐色，中部淡褐色至灰白色，病斑周围常有黄色晕圈。后期在病斑中部产生黑色小颗粒，即病菌的分生孢子器。

（2）防治方法

选择10%苯醚甲环唑650倍液或25%嘧菌酯650倍液喷雾防治。

3. 灰霉病

（1）症状

该病主要危害叶片、茎蔓、残花和花托。先危害靠近地面隐蔽的叶片、茎蔓，茎叶受害后出现大片软腐，其上生出明显可见灰褐色霉层。在残花及花托的尖端产生淡褐色至灰褐色形状不规则病斑，其上产生灰褐色及褐色绒状霉层。

（2）防治方法

选择10%苯醚甲环唑650倍液或40%嘧霉胺650倍液（或600倍液）喷雾防治。

4. 根腐病

（1）症状

根腐病，也称黄心病，高温多雨时易发病。发病时：轻者靠近地面的芦头部坏死，根系中心维管束变黄褐色；重者根腐烂，地上部突然枯死。

（2）防治方法

选用无病种苗，避免连作；深翻整地，疏沟排水；通风透光，降低田间湿度；移栽前每亩用40%多福溴菌腈可湿性粉剂1 kg进行土壤消毒；及时拔除病苗，用石灰消毒病穴，以防蔓延。

5. 地下害虫

（1）症状

地下害虫有地老虎、金针虫、蛴螬、蝼蛄等，主要危害药用植物根系。

（2）防治方法

结合整地每亩施入3%辛硫磷颗粒剂3 kg进行防治。

四、采收与加工

1. 采收

（1）采收时期

直播2～3年后采收，移栽1～2年后采收。约在10月中下旬寒露与霜降之间，抢在土壤封冻以前、党参停止生长以后采收。在初霜以后，党参根部仍能继续膨大生长，为充分利用生长季节提高产量和质量，故不可过早采收。但在霜杀枯后，党参下部老叶迅速枯黄，生长已渐停滞，若土壤结冻，根条变脆，容易被折断，不利于操作，因此不可采收过迟。

（2）采收方法

党参的地上部变黄干枯后，先除去支架和割掉参蔓，党参根部在田间熟后一周再起挖，要考虑在地冻之前能够结束采收工作。目前主要是机械采收，挖深达40 cm，须避免挖伤。人工采收时在畦的一边用镢头开30 cm深的沟，先用四齿铁杈将党参一侧土壤挖空，再将党参挖倒，小心刨挖，扒出参根，鲜参根脆嫩，易破、易断裂，一定要小心，免伤参根，否则会造成根中乳汁外溢，影响根的品质。较大的根条运回加工，较细小的参根可作移栽材料，集中栽培于大田里让其再生长1～2年。

（3）挑拣

采挖的党参挑除病株，用麻袋、背篓装载，及时运回。

（4）晾晒

采收回的党参应该及时运回晾晒场进行晾晒。晾晒前，首先将病坏的植株剔除，然后将质量良好的党参表面的泥土冲刷干净，按照体积的大小分类，串成长串之后摆放在特殊的位置进行晾晒，让水分得到蒸发。在党参的晾晒过程中要一边晾晒一边翻动，尽量让根条变得柔软和不容易折断。晾晒的时候还要进行揉搓，晾晒完毕之后，应该将党参放在通风的位置，也要避免受冻，入库贮存的党参要做好防潮和防虫工作。

2. 包装及贮藏

包装和贮藏应符合《绿色食品：包装通用准则（NY/T 658—2015）》《绿色食品：贮藏运输准则（NY/T 1056—2021）》要求。在包装前应检查是否充分干燥、有无杂质及其他异物，并在每件包装上注明品名、规格、产地、批号、执行标准、生产单位、生产日期等，并附上质量合格的标志。置于干燥、通风良好的专用贮藏库内贮藏，并注意防虫、防鼠、防潮，贮藏期间要勤检查、勤翻动，经常通风，夏季转入阴凉库贮藏。

3. 运输

运输工具或容器应具有良好的通气性，以保持党参干燥，并应有防潮措施。尽可能地缩短运输时间，同时不应与其他有毒、有害及易串味的物质混装。

五、药材规格标准及质量标准

1. 规格标准①

①一等。干货。呈圆锥形，头大尾小，上端多横纹。外皮粗松，表面米黄色或灰褐色。断面黄白色，有放射状纹理。糖质多、味甜。芦下直径1.5 cm以上。无油条、杂质、虫蛀、霉变。

②二等。干货。呈圆锥形，头大尾小，上端多横纹，外皮粗松，表面米黄色或灰褐色。断面黄白色，有放射状纹理。糖质多、味甜。芦下直径1 cm以上。无油条、杂质、虫蛀、霉变。

③三等。干货。呈圆锥形，头大尾小，上端多横纹，外皮粗松，表面米黄色或灰褐色。断面黄白色，有放射状纹理。糖质多、味甜。芦下直径0.6 cm以上，油条不超过15%。无杂质、虫蛀、霉变。

2. 质量标准

【性状】党参呈长圆柱形，稍弯曲，长10～35 cm，直径0.4～2 cm。表面灰黄色、黄棕色至灰棕色，根头部有多数疣状突起的茎痕及芽，每个茎痕的顶端呈凹下的圆点状；根头下有致密的环状横纹，向下渐稀疏，栽培品环状横纹少或无；全体有纵皱纹和散在的横长皮孔样突起，支根断落处常有黑褐色胶状物。质稍柔软或稍硬而略带韧性，断面稍平坦，有裂隙或放射状纹理，皮部淡棕黄色至黄棕色，木部淡黄色至黄色。有特殊香气，味微甜。

【水分】不得过16%。

【总灰分】不得过5.0%。

【二氧化硫残留量】照二氧化硫残留量测定法（通则2331）测定，二氧化硫残留量不得超过400 mg/kg。

【浸出物】照醇溶性浸出物测定法（通则2201）中的热浸法测定，用45%乙醇作溶剂，浸出物不得少于55.0%。

---

① 此处所列为甘肃、陕西及四川西北部所产的西党规格标准。

第二节　当归栽培技术

一、栽培技术

1. 选地整地

育苗地宜选阴凉潮湿的生荒地，生荒地的适宜海拔为2600～3100 m，在此海拔范围内高山选半阴半阳坡，低山选阴坡。土壤宜选高山草甸土、山地草甸土、黑钙土及疏松肥沃、结构良好的砂质壤土，以微酸性和中性为宜。最好在育苗的前一年选地整地，使土壤充分熟化。熟地育苗前茬以青稞、油菜、蚕豆为好，不宜选马铃薯作为前茬，忌重茬，轮作周期为5年。选好地后进行整地，生荒地要先把灌木砍除，把草皮连土铲起打碎，将草根耙干净，深耕20～25 cm，深耙3遍，整平土地。按宽1.2 m，高约15 cm，畦沟宽30 cm作畦。也可以先整平土地，撒种后按畦宽度标记畦沟，再用短耙将畦沟土壤挖起来抛撒到畦面，以实现当归种子覆土，同时挖开畦沟。

2. 种子生产及育苗

（1）种子生产

当归种子生产田第一年为种苗生产田，采收种苗时预留5%的苗在地越冬，第二年进行田间管理，第三年采收种子。种子生产的第一年集中育苗。第二年当归苗返青后立即除草，苗高10 cm左右时，将过密的苗子拔出，按照最小株距20 cm间苗，6月中下旬根部追施尿素每亩6 kg（雨前撒施），第二次除草时要拔除抽薹苗和杂劣苗。第三年2月中下旬将当归种子田中积雪清除，苗返青发出新叶后进行第三次除草，苗高30 cm左右时，根部追施（穴施）磷酸二铵每亩6 kg、硫酸钾每亩3 kg，第四次除草需拔除杂劣苗。株高50 cm时培土并除草。开花前若有缺肥现象，要及时喷施叶面肥。

（2）种子采收

当归种子成熟前呈淡绿色，成熟时种皮变得致密，种子饱满，质地变硬，果穗下垂，果皮颜色变为粉白色，即“鱼肚白”，此时即可采种。再继续成熟果实颜色变为褐色，过于饱满，育苗易早期抽薹，不能作种。种子由边缘向中心依次成熟，头穗种子先成熟，应分批分次采收。对于一个果穗而言，外部种子2/3成熟时应采收，不能等整个果穗完全成熟后采收，通常于8月15日至9月5日期间采种。海拔越高，采收时间越晚。用枝剪、镰刀等工具将果穗从基部剪下或割下，果穗枝长30～40 cm，将采下的果穗4～5支用线扎成小把。将果穗小把中间分开，间距20～25 cm骑架于绳上，悬挂于阴凉通风处晾干。

（3）种子贮藏

当归种子不脱粒，果穗于阴凉通风处挂藏，待播种前脱粒。贮藏期间，注意防虫、防鼠、防潮，不可强光照射，避免烟熏。次年播种前，用木梳沿着果穗伞柄方向梳理脱下种子，要小心脱粒，以保持种子的完整。过筛除去杂物，使种子净度达到96%以上。表1-1为当归种子种质分级标准。

表1-1　当归种子种质分级标准

项目	指标		
	一级	二级	三级
千粒重/g	1.6～1.9	1.3～1.6	<1.3或>1.9
净度/%	≥99.00	≥96.00	≥93.00
发芽率/%	≥85.00	≥80.00	≥70.00
水分/%	≤9.00	≤9.50	≤10.00
健康状况	不能检出任何病原菌及有害生物		

（4）育苗

建议选用一级当归种子进行育苗。

（5）播种

播种时期应根据当地的地势、地形和气候特点而定。播期早，则苗龄长，早期抽薹率高；过晚则成活率低，生长期短，幼苗弱小。一般认为苗龄控制在110天以内，单根重量控制在0.4～0.7 g为宜。2800～3200 m高海拔地区宜于6月上旬播种，2600～2800 m海拔较低的熟地宜于6月底7月初播种。

①种子处理。将种子喷水使之变潮，按50%多菌灵可湿性粉剂2 g拌1 kg种子的比例，将种子置于塑料袋中与药剂搅拌均匀，封口放置24 h后播种。

②播种方法。播种量为每亩5～6 kg。把种子均匀撒到畦面上。撒种后用土将种子盖好，覆土厚度为0.3～1.0 cm。盖土后立即覆盖小麦等禾谷类作物的秸秆，覆盖量为每亩300～400 kg，厚约3～4 cm，透光率约10%，覆草过多会使种苗细弱。最后，用塑料绳固定或土块等压住覆盖物，以免被风吹走。也可用70%遮光率的遮阳网覆盖，用木棍将遮阳网撑高到距地面30～50 cm。

（6）苗田管理

播种后的苗床必须盖草保湿遮光，以利于种子萌发出苗。一般播后12～15天出苗。当种子出苗时，应细心将盖草挑虚，并拔除杂草。直到立秋种苗长出盖草后，可将盖草分两次揭去。第一次揭过7天后再全部揭去，揭草要选在阴天进行。之后拔两次草，拔掉过密的弱苗。一般为了降低早期抽薹率，在苗期无须追肥。

近年来生荒地资源减少，为了防止水土流失，不提倡沿用生荒地育苗，建议采用熟地育苗。播期在6月下旬至7月上旬，播量为每亩6～7 kg。播前用多菌灵拌种，土壤用辛硫磷颗粒剂杀虫。起苗时间在10月下旬，苗把中间必须夹上生土。起苗后高海拔储苗，或者冷库储苗。

（7）种苗采收及贮藏

9月中旬至10月初，当种苗叶片刚刚变黄、气温降到5 ℃左右时，即可收挖种苗。将挖出的苗抖掉一部分泥土，去掉残叶，捆成直径为7～8 cm的小把，在阴凉、通风、干燥处晾干水汽，大约一周后，放地面堆藏或室外窖藏。地面堆藏要选冬季不取暖无人居住的凉屋子或室外，一层稍湿的生黄土，一层种苗苗把，逐层堆放5～7层，形成一个高约80 cm的梯形苗土堆，苗土堆四周围堆30 cm厚的黄土，上盖10 cm厚的黄土即可。选择阴凉、干燥无水的地方挖窖，用于窖藏。窖深1 m，宽1 m，窖长视种苗的多少而定。窖底先铺一层10 cm厚的细沙，然后铺放种苗一层，再铺一层细沙，反复堆放，当离窖口20～30 cm时，上盖黄土封窖。窖顶呈龟背形以防积水。另外，采用冷冻贮苗可有效降低当归的早期抽薹率。冷冻贮苗的具体方法：将采挖的种苗经晾苗失水后分层盖土放入冷藏筐内，后连筐直接放入冷藏室内贮存，逐渐调节冷藏室温度至−3 ℃，贮存一周左右使当归苗把冻结，然后调节冷藏室温度至−1 ℃左右，继续贮藏，直至移栽前2～3天，便可取出使用。

3. 移栽

移栽地应选择土层深厚、疏松肥沃、富含腐殖质、排水良好，且海拔为2200～2800 m的中壤或沙壤地。因当归喜肥，一般结合深耕施入基肥，每亩施3000～4000 kg厩肥。深耕25～30 cm，深耕后耙细整平。移栽前施入氮、五氧化二磷和氧化钾的量依次为每亩9 kg、7.8 kg和5 kg，生物有机肥每亩为80 kg。施肥结束后旋耕，按宽1.2 m作畦，畦高为15～20 cm，畦间走道宽为20～25 cm，畦走向与坡向相同。

二、田间管理

1. 放苗、补苗

出苗期随时检查，出现土壤板结情况时要立即破除板结放苗，有缺苗断垄的现象要及时补苗，移栽时在地边角密植一些苗为补苗作备用，后期浇水移栽到需要补苗的位置。

2. 除草

苗出齐后，要进行4次除草，封行后拔大草。当苗高达5 cm时进行第一次中耕除草，要早锄浅锄。当苗高达15 cm时进行第二次中耕除草，露地种植要中耕稍深一些，地膜覆盖的当归田要将走道和膜孔中的杂草拔除。当苗高达25 cm时进行第三次中耕除草，露地种植的要进行中耕并结合培土。秋季杂草种子成熟前进行最后一次除草。

3. 追肥

当归为喜肥作物，除了施足底肥外，还应及时追肥。6月中旬叶盛期前和7月下旬根增长期前，应追施N、P和K肥，可用追肥枪将复合肥或尿素施在土中，也可叶面喷施尿素、磷酸二氢钾。在当归的高产栽培研究中发现，每亩施纯氮18.75～22.2 kg时其产量收益最大。在一定的施氮量基础上，按N：P_2O_5：K_2O比例为1.8：1.5：1配施，还可对当归根病产生一定的控制作用，但切不可磷肥过多。当归产区药农习惯单独使用磷酸二铵，使氮素和钾素养分供给水平偏低，这往往导致当归抽薹率和根腐病发病率提高。此外，微量元素Mo、Zn、Mg、B的施用也会对当归起到增产效果，同时也可提高当归的品质。一般作为基肥在定苗前均匀施加，每亩施用钼酸铵200 g、硫酸锰2000 g，但要注意与当地土壤中微量元素监测结合起来，做到合理施用。

4. 拔抽薹株

栽种时应选用不易抽薹的晚熟品种，采取各种农艺措施降低早期抽薹率，对出现提早抽薹的植株，应及时拔除或剪除，否则会降低药材品质，同时会大量消耗水肥，对正常植株产生较大的影响。抽薹较早的植株根系较小，可以直接拔除，抽薹较晚的植株根系很大，拔出时会伤害就近的正常当归单株，可以在根头以下1 cm处割除（切割位置偏高会再次抽薹）。抽薹株开花后长成的种子俗称“火药籽”，近年来当归种子昂贵，有些农户将抽薹株留存用来采收火药籽，将其用于育苗，由于火药籽具有早抽薹特性，用火药籽育出的当归苗抽薹率较高，尤其第二代以后各代火药籽育的种苗抽薹率越来越高，因此，大田栽培中必须拔除抽薹株，切不可用早期抽薹的火药籽育苗。

5. 灌排水

当归苗期遇到严重干旱时应适量浇水，保持土壤湿润，但不能大量灌水。雨季应及时排除积水，防止烂根。

三、病虫害防治

当归主要病害有褐斑病、根腐病及麻口病等，虫害有根蚜、红蜘蛛、地下害虫等。

1. 褐斑病

（1）症状

6月发生，8—9月严重，危害叶片。高温多湿时易发病，初期叶面上产生褐色斑点，之后病斑扩大，后扩展呈多角形，近圆形，大小为1～3 mm，边缘有褪绿晕圈。

后期有些病斑中部褪绿变灰白色，其上生有黑色小颗粒，即病菌的分生孢子器。病斑汇合时常形成大型污斑，有些病斑中部组织脱落形成穿孔，发病严重时，全田叶片发褐、焦枯，甚至全株枯死。

（2）防治方法

初冬彻底清除田间病残体烧毁，减少侵染源。轮作倒茬。发病初期喷施70%安泰生可湿性粉剂200倍液或10%苯醚甲环唑水分散粒剂600倍液，两者防效均可达71%以上，并且具有较好的增产作用。一般7～10天喷施1次，连续喷2～3次，交替使用药剂。

2. 根腐病

（1）症状

主要危害根部，受害植株起初根尖和幼根呈水渍状，随后变黄脱落，主根呈锈黄色腐烂，最后仅剩下纤维状物，地上部枯黄死亡。

（2）防治方法

与禾本科作物轮作；雨后及时排除积水；选用无病健壮种苗，并用65%可湿性代森锌600倍液浸种苗10 min，稍晾后栽种；发病初期及时拔除病株，并用石灰消毒病穴。

移栽期管理：移栽前先将30%琥胶肥酸铜悬浮剂30 mL加入10 kg清水中，充分搅匀；再加入5%香芹酚水剂35 mL或6%寡糖·链蛋白可湿性粉剂15 g，再次搅匀；然后加入40%辛硫磷乳油50 mL和3%恶霉甲水剂30 mL，将准备移栽的当归苗上的土抖干净后，完全浸泡在药液中数分钟，捞出后放置在阴凉处；边浸苗边晾，边晾边移栽，至药液下降至2/3处时，加满水并加入一半量的药剂。

苗期管理（5月中旬至6月上旬）：在病害发生初期，用41.7%氟吡菌酰胺悬浮剂8000倍液+1.5%噻霉酮水乳剂1000倍液或0.3%四霉素水剂1000倍液灌根一次，每穴浇灌液量为150～200 mL；也可选用2亿活孢子/克淡紫拟青霉粉剂或1000亿孢子/克枯草芽孢杆菌可湿性粉剂1000倍液灌溉一次，每穴浇灌液量为150～200 mL。

中后期管理（6月中旬至9月上旬）：在褐斑病初发期（6月下旬至7月上旬）可选用5%香芹酚水剂500倍液+25%苯醚甲环唑·嘧菌酯悬浮剂1500倍液或25%吡唑嘧菌酯悬浮剂1500倍液等进行防治。

3. 麻口病

（1）症状

6月中旬为其发病高峰期，主要危害根部，线虫、根蚜及地下害虫易引发此病。

（2）防治方法

轮作周期3年以上；5%辛硫磷颗粒剂2 kg及1.8%阿维菌素400 g加水2.5 kg喷在15 kg土上拌匀，撒施，旋耕入土；也可用1.8%阿维菌素2000倍液或50%硫黄悬浮剂200倍液喷洒栽植沟；若用广谱杀虫剂灌根，则每亩用40%多菌灵胶悬剂250 g或甲基托布津600 g加水300 kg，每株灌稀释液50 g，5月下旬、6月中旬各灌1次。

4. 根蚜

（1）症状

当归根蚜在基叶和主根距地面5 cm范围的根皮上。

（2）防治方法

用吡虫啉灌根杀灭。

5. 红蜘蛛

（1）症状

危害新叶和嫩芽。

（2）防治方法

选用5%香芹酚水剂500倍液+0.3%苦参碱水剂或1%蛇床子素水乳剂1500倍液等喷雾防治。

6. 蛴螬、蝼蛄、地老虎

（1）症状

危害根茎。

（2）防治方法

铲除田内外青草，堆成小堆，7～10天换鲜草，用毒饵诱杀；或用90%敌百虫1000～1500倍液灌根（也可拌毒土雨前撒地面）或人工捕杀。

四、采收与加工

1. 采收

当归移栽后，于当年10月下旬至11月上旬地上部分枯萎时，割去地上部分，地块在阳光下晒3～5天后进行采收。生产实践中过早采收的现象比较普遍，很多农户提前采挖或者提前半月割去叶片等待根系继续生长，这些做法都是错误的，必须等叶片枯萎后采收。采挖时应小心挖起全根，抖净泥土，挑出病根，除去残茎，置通风处晾晒。机械采收时传送振动易折断侧根，转速不宜快。

2. 产地加工

（1）当归加工

鲜当归采收运回后，不能堆置，应放干燥通风处晾晒数日，直至侧根失水变软。残留叶柄干缩后，去掉残叶柄并揉搓整形，将当归侧根捋直头压尾整齐排列地面晾晒，雨雪天覆盖防雨布等避免淋湿。晒至含水量低于30%时进一步揉搓整形，大中小分级，头朝外、根梢朝内摆成直径约70 cm的圆圈，一层层摆放并逐渐内收，最后形成高约

90 cm半椭圆形内空的堆，风干至药材含水量低于15%，按不同规格进行加工包装入库。

（2）当归头加工

鲜当归晾晒数日，去掉残叶柄，切掉侧根，用细线绳串起，挂在晾晒架上晒干。

五、药材规格标准及质量标准

1.规格等级

（1）全归规格标准

①一等。干货。上部主根圆柱形，下部有多条支根，根梢不细于0.2 cm。表面棕黄色或黄褐色。断面黄白色或淡黄色，具油性。气芳香，味甘微苦。每千克40支以内。无须根、杂质、虫蛀、霉变。

②二等。干货。上部主根圆柱形，下部有多条支根，根梢不细于0.2 cm。表面棕黄色或黄褐色。断面黄白色或淡黄色，具油性。气芳香，味甘微苦。每千克70支以内。无须根、杂质、虫蛀、霉变。

③三等。干货。上部主根圆柱形，下部有多条支根，根梢不细于0.2 cm。表面棕黄色或黄褐色，断面黄白色或淡黄色，具油性。气芳香，味甘微苦。每千克110支以内。无须根、杂质、虫蛀、霉变。

④四等。干货。上部主根圆柱形，下部有多条支根，根梢不细于0.2 cm。表面棕黄色或黄褐色，断面黄白色或淡黄色，具油性。气芳香，味甘微苦。每千克110支以外。无须根、杂质、虫蛀、霉变。

⑤五等。（常行归）干货。凡不符合以上分等的小货，全归占30%，腿渣占70%，具油性。无须根、杂质、虫蛀、霉变。

（2）归头规格标准

①一等。干货。纯主根，呈长圆形或拳状，表面棕黄色或黄褐色。断面黄白色或淡黄色，具油性。气芳香，味甘微苦。每千克40支以内。无油个、枯干、杂质、虫蛀、霉变。

②二等。干货。纯主根，呈长圆形或拳状。表面棕黄色或黄褐色。断面黄白色或淡黄色，具油性。气芳香，味甘微苦。每千克80支以内。无油个、枯干、杂质、虫蛀、霉变。

③三等。干货。纯主根，呈长圆形或拳状。表面棕黄色或黄褐色，断面黄白色或淡黄色，具油性。气芳香，味甘微苦。每千克120支以内，无油个、枯干、杂质、虫蛀、霉变。

④四等。干货。纯主根，呈长圆形或拳状。表面棕黄色或黄褐色，断面黄白色或淡黄色，具油性。气芳香，味甘微苦。每千克160支以内，无油个、枯干、杂质、虫

蛀、霉变。

2.质量标准

当归主根略呈圆柱形，下部有支根3～5条或更多，长15～25 cm。表面浅棕色至棕褐色，具纵皱纹和横长皮孔样突起。根头（归头）直径1.5～4 cm，具环纹，上端圆钝，或具数个明显突出的根茎痕，有紫色或黄绿色的茎和叶鞘的残基；主根（归身）表面凹凸不平；支根（归尾）直径0.3～1 cm，上粗下细，多扭曲，有少数须根痕。质柔韧，断面黄白色或淡黄棕色，皮部厚，有裂隙和多数棕色点状分泌腔，木部色较淡，形成层环黄棕色。有浓郁的香气，味甘、辛、微苦。柴性大、干枯无油或断面呈绿褐色者不可供药用。

【水分】不得过15.0%。

【总灰分】不得过7.0%。

【酸不溶性灰分】不得过2.0%。

【浸出物】不得少于45.0%。

【含量】本品按干燥品计算，含挥发油不得少于0.4%，含阿魏酸（$C_{10}H_{10}O_4$）不得少于0.050%。

农药残留和霉菌毒素限量按《中国药典》（2020版）执行。

第三节　黄芪栽培技术

一、栽培技术

1.选地整地

黄芪是深根性植物，平地栽培应选择地势高、排水良好、疏松而肥沃的砂壤土；山区栽培应选择土层深厚、背风向阳的坡地或荒地壤土。地下水位高、土壤湿度大、低洼易涝的黏土不宜种植黄芪。选好地后进行整地，在前茬作物收获后进行伏耕晒垡为好，如果前茬收获晚，也应秋季翻地。一般耕深30～35 cm，结合最后一次翻地施基肥，每亩施腐熟农家肥2500～3000 kg、3%辛硫磷颗粒剂3 kg。冬前应耙耱或镇压收墒，不宜立垡过冬或留茬过冬；春季尽可能减少耕层扰动以免跑墒，翻地宜浅耕，耕地后立即耙细整平保墒，用于黄芪育苗或移栽。

2.种子生产及育苗

（1）种子繁殖

黄芪采用种子繁殖。在秋季收获时，选植株健壮、主根肥大粗长、侧根少、当年不开花的黄芪留种。越冬前覆土3～5 cm，以利于防寒保墒，春季解冻后返青。随着气温回升，植株快速生长，6—7月开花结果后，待种子变绿褐色时采收种子，随熟随采，晒干脱粒，去除杂质，置通风干燥处贮藏。表1–2为蒙古黄芪种子分级标准。

表1–2　蒙古黄芪种子分级标准

项目	指标		
	一级	二级	三级
千粒重/g	≥7.50	≥7.00	≥6.30
净度/%	≥98	≥91	≥84
发芽率/%	≥74	≥58	≥40
水分/%	≤10		
健康状况	不能检出病原菌及有害生物		

（2）育苗

在生产上建议选用一级种子进行育苗，育苗前要对种子进行处理。黄芪种子种皮致密，硬实率很高，一般采用热水处理或机械处理或硫酸处理的方法对黄芪种皮进行破坏，以增强黄芪种子的透气吸水能力。

①热水处理。将种子放入40 ℃温水中浸泡6～8 h，此时有2/3的种子吸水膨胀，与未吸水的种子（未浸透的硬实种子）分成2层，未浸透的种子在下层，浸透的种子在上层，但不浮于水面，可将浸透的种子倒出，将未浸透的种子放入40 ℃温水中浸泡放凉，反复淘洗，洗净种皮上的发芽抑制物，反复几次，直至把浸透种子全部倒出。用此法处理的种子发芽率可达80%以上。但必须播种在水分充足的土壤中，若土壤干旱，切记不能催芽。

②碾磨法。将种子置于石碾上，碾压5～8圈即可。也可将种子和细砂混合，2份砂子1份种子，堆放在水泥地面上，上面放一块砖头，人踩在砖头上边压边往前推，待种子层薄了再向中间拥扫后继续踩磨，大约40 min后，待种子棕黑色外皮有白色划痕时即可播种，该方法效果良好。

③硫酸处理。种子公司或大型农场集中处理大批黄芪种子时，用前述两种方法会很费工而且处理不均匀，应采用浓硫酸处理，其效果更好，发芽率可达80%以上，比不处理的提高了50%左右。具体方法是将黄芪种子加入搅拌器搅拌，将98%的硫酸少量慢慢加入黄芪种子中，通过搅拌使黄芪种子接触到很少的硫酸，种皮外层受腐蚀出现小黑点即可，随后用清水冲洗干净后即可播种。浓硫酸处理方法不宜在农户推广，

主要是因为浓硫酸腐蚀性强，十分危险。

④播前药剂拌种。取种子量0.3%的多菌灵可湿性粉剂和种子量0.2%的40%辛硫磷乳油，兑种子量2%的水配成药液，用喷雾器均匀喷在种子上，边喷边用洁净铲子上下翻动，使药剂与种子拌匀后待播。拌种完毕，及时清洗工具、防护工作衣、口罩、手套等。工作人员要用肥皂清洗手、脸数次，直到无农药味。拌种时间在播期前1天。

3. 移栽

移栽前，每公顷土壤用40%辛硫磷乳油15 kg和敌百虫3.75 kg，兑水1125 kg，拌油渣150 kg后撒于地表，可防治蛴螬、蝼蛄、地老虎、金针虫等地下害虫。播种前，每公顷土壤用5%阿维菌毒15 kg进行处理，可防治黄芪根瘤象（麻口）。

一般选用一级种苗进行生产，且用50%多菌灵粉剂100 g和乙蒜素50 g，兑水5 kg后蘸苗子100 kg，晾干所蘸水分后栽植，可防治黄芪根腐病。

采用斜栽方式进行移栽，行距20～30 cm，株距15～20 cm，栽后踩实或镇压，以利于出苗，最好是灌溉后或趁雨前移栽以利于出苗。

露地平栽方式：行距22～25 cm，株距10～15 cm，大苗稀栽，小苗稠栽，开沟深度10 cm左右，苗子平放沟内，耱平地面。容易受旱的地区出苗后翻盖地膜。

地膜覆盖露头栽培。按株距8～9 cm、平均行距40 cm定植，采用幅宽40 cm黑色地膜，整平地面，放线摆苗，苗头朝地埂方向，苗上覆土厚5 cm，覆盖地膜，覆膜时要留苗头于地膜边沿外1 cm，把膜的两边和种苗头部用土压实。为防止大风揭膜，每隔3 m左右压一土腰带。第二垄从第一垄的地膜边开始刮平摆苗，苗头与上一垄地膜边沿搭接1 cm，苗上覆土，再留苗头1 cm覆地膜，相当于全膜覆盖，依此类推栽植。出苗时芽子在两垄地膜之间透土，不需要放苗。定植密度约每亩1.9万～2.1万株。

二、田间管理

1. 补苗

移栽时在地边角集中栽植少量苗子用于补苗，出苗后，对出现缺苗断垄的地方要及时补苗。挖出预留的苗子，移栽到缺苗的位置并浇水提高苗的成活率。

2. 松土除草

当苗出齐后可进行第一次松土除草。此时苗小根浅，应以浅除为主。以后据田间状况锄草2～3次。保持田间无杂草，地表层不板结。地膜覆盖栽培无须松土作业，只清除垄间杂草即可。

3. 追肥

黄芪旺盛生长期要根据苗情追肥。花期前后用无人机叶面喷施磷酸二氢钾每亩1 kg和尿素每亩2 kg。在土壤肥沃的地区，苗情正常情况下尽量少施化肥。

4. 灌排水

黄芪水分管理中要注意“灌水又排水”。黄芪有两个需水敏感期，即种子发芽期和开花结荚期。播前土壤墒情要好，有灌溉条件的地区播前灌足底墒，旱作农区应在上年雨季结束后用黑色地膜全膜覆盖保墒，播种时直接在地膜上播种，或将地膜揭去，播后用遮阳网覆盖。幼苗期尽可能推迟灌水，促使根系下扎，幼苗期灌水过早则种苗短而侧根多，移栽后产量极低，苗期底墒耗竭需灌水时，宜少量多次，小水勤浇；开花结荚期视降水情况适量浇水。黄芪地湿度过大易诱发麻口病、根腐病及地上白粉病等病害，故雨季应随时进行排水。

三、病虫害防治

黄芪主要病害有白粉病、白绢病及根腐病等，虫害有蚜虫等。

1. 白粉病

（1）症状

主要危害黄芪叶片，初期叶两面生白色粉状斑；严重时，整个叶片被一层白粉所覆盖，叶柄和茎部也有白粉。被害植株往往早期落叶，致使产量受损。黄芪白粉病较为常见，发病率较高，须尽早发现并及时防治。

（2）防治措施

加强田间管理，合理密植，注意株间通风透光，可减少发病。施肥以有机肥为主，注意N肥、P肥、K肥比例配合适当，不要偏施N肥，以免植株徒长，导致抗病性降低。实行轮作，尤其不要与豆科植物和易感染此病的作物连作。生长期发病可药剂防治：用25%三唑酮可湿性粉剂800倍液或50%多菌灵可湿性粉剂500～800倍液喷雾，每隔7～10天喷1次，连续喷3次，具有较好的防治效果。

2. 白绢病

（1）症状

发病初期，病根周围以及附近表土产生棉絮状的白色菌丝体。由于菌丝体密集而成为菌核，菌核初为乳白色，后变为黄色，最后呈深褐色或栗褐色。被害黄芪根系腐烂殆尽，或残留纤维状的木质部极易从土中拔起，地上部枝叶发黄，植株枯萎死亡。菌核可通过水源、杂草及土壤的翻耕等向各处扩散传播危害。

（2）防治措施

①合理轮作。轮作的时间以间隔4～5年较好。②土壤处理。可于播种前施入杀菌剂进行土壤消毒，常用的杀菌剂为50%多菌灵可湿性粉剂400倍液，拌成毒土撒施地表后旋耕施入土壤。一般要求在播种前15天完成，可以减少和防止病菌危害。③药剂防治。可用20%三唑酮乳油2000倍液，每隔5～7天浇根1次。

3. 根腐病

（1）症状

有镰刀菌类多个病原，被害黄芪地上部枝叶发黄，植株萎蔫枯死。地下部主根顶端或侧根首先罹病，然后渐渐向上蔓延。受害根部表面粗糙，呈水渍状腐烂，其木质部红褐色。严重时，整个根系发黑溃烂。土壤湿度较大时，在根部产生一层白毛。带菌的土壤和种苗是根腐病的主要初次侵染来源。病害常于6月初开始发病，7月以后严重发生，常导致植株成片枯死。

（2）防治措施

①整地时进行土壤消毒；②对带病种苗进行消毒后再播种；③药剂防治参考当归根腐病防治。

4. 蚜虫

（1）症状

危害黄芪的蚜虫以槐蚜为主，多集中危害枝头幼嫩部分及花穗等，致使植株生长不良，造成落花、空荚等，严重影响种子和商品根的产量。

（2）防治措施

用5%吡虫啉乳油1500～2000倍液，每3天喷一次，连续喷2～3次。

四、采收与加工

1. 采收

直播黄芪以3～4年采挖品质最好。目前育苗移栽黄芪一般都在2年生冬前采挖。黄芪在休眠期其有效成分黄芪甲苷含量较高。据此，黄芪应在秋季10月中下旬至11月初采挖，以冬前采收质量最好。蒙古黄芪不同物候期总皂苷含量是随着植物的生长发育而逐渐升高的，10月可达到最高值。此外，就氨基酸含量来说，3年生的高于2年生的。

甘肃产区黄芪2年生采收。地上部分枯萎后采收，采收时先割除茎秆，然后将根部挖出。黄芪根深，采收时注意不要将根挖断，以免造成减产和商品质量下降。目前甘肃产区多采用机械采挖，以节约用工。

2. 产地加工

将挖出的鲜黄芪除去泥土，剪掉芦头和须根，摊开晾晒，边晒边揉搓，快干时，将根理直后扎把，或码垛（垛高1.5 m左右）堆放晾至全干。干品置通风干燥处贮藏。

五、药材规格标准及质量标准

1.规格标准

①特等。干货。呈圆柱形的单条，斩疙瘩头或喇叭头，顶端间有空心，表面灰白色或淡褐色。质硬而韧。断面外层白色，中间淡黄色或黄色，有粉性。味甘、有生豆气。长70 cm以上，上部直径2 cm以上，末端直径不小于0.6 cm。无须根、老皮、虫蛀、霉变。

②一等。干货。呈圆柱形的单条，斩去疙瘩头或喇叭头，顶端间有空心。表面灰白色或淡褐色。质硬而韧。断面外层白色，中间淡黄色或黄色，有粉性。味甘、有生豆气。长50 cm以上，上中部直径1.5 cm以上，末端直径不小于0.5 cm。无须根、老皮、虫蛀、霉变。

③二等。干货。呈圆柱形的单条，斩去疙瘩头或喇叭头，顶端间有空心，表面灰白色或淡褐色。质硬而韧。断面外层白色，中间淡黄色或黄色，有粉性。味甘、有生豆气。长40 cm以上，上中部直径1 cm以上，末端直径不小于0.4 cm，间有老皮。无须根、虫蛀、霉变。

④三等。干货。呈圆柱形单条，斩去疙瘩头或喇叭头，顶端间有空心。表面灰白色或淡褐色。质硬而韧。断面外层白色，中间淡黄色或黄色，有粉性。味甘、有生豆气。不分长短，上中部直径0.7 cm以上，末端直径不小于0.3 cm，间有破短节子。无须根、虫蛀、霉变。

2.质量标准

黄芪药材呈圆柱形，有的有分枝，上端较粗，长30～90 cm，直径1～3.5 cm。表面淡棕黄色或淡棕褐色，有不整齐的纵皱纹或纵沟。质硬而韧，不易折断，断面纤维性强，并显粉性，皮部黄白色，木部淡黄色，有放射状纹理和裂隙，老根中心偶呈枯朽状，黑褐色或呈空洞。气微，味微甜，嚼之微有豆腥味。

【水分】不得过10.0%。

【总灰分】不得过5.0%。

【重金属及有害元素】按照铅、镉、砷、汞、铜测定法（通则2321原子吸收分光光度法或电感耦合等离子体质谱法）测定，铅不得过5 mg/kg，镉不得过0.3 mg/kg，砷不得过2 mg/kg，汞不得过0.2 mg/kg，铜不得过20 mg/kg。农药残留和霉菌毒素限量按中国药典2020版执行。

【浸出物】不得少于17.0%。

【含量】本品按干燥品计算，含黄芪甲苷（$C_{41}H_{68}O_{14}$）不得少于0.080%，含毛蕊异黄酮葡萄糖苷（$C_{22}H_{22}O_{10}$）不得少于0.020%。

第四节　甘草栽培技术

一、栽培技术

1. 选地整地施肥

选择土层深厚、疏松、排水良好的向阳坡地。土壤以略偏碱性的砂壤土或砂土为宜，忌涝洼地及黏土地种植。选好地后，于播种的前一年秋季整地，随翻地施足基肥，每亩施厩肥2000～3000 kg，深翻土壤30～35 cm，然后整平耙细，灌足底水以备播种。

2. 种子生产及育苗

（1）种子前处理

目前甘草种子几乎全部来自野生，还没有人工栽培生产种子被大量用于生产。因此，在选择种子时应尽量遵循就近取种的原则，在距离栽培区较近的野生甘草分布区，选择籽粒成熟饱满无虫害的种子用于育苗，以保障药材的高产优质。

甘草种子硬实率很高，播前必须处理，处理方法有物理方法和化学方法两大类。物理方法主要有机械碾磨法、温水浸种法、湿沙埋藏法等。化学方法主要是硫酸处理法。有研究表明，在各处理方法中，以机械碾磨法和硫酸处理法效果最佳。其中，机械碾磨法是最为常用的方法。一般采用砂轮碾磨机进行碾磨，其操作简单、费用低、效果好，处理好的种子发芽率可达90%以上，适用于大量种子的处理。碾磨处理技术的要点是根据碾磨机的类型、甘草种粒大小、种子的干燥程度，合理控制碾种的强度和次数。特别是种粒的均匀程度对于处理效果至关重要，如果种粒大小参差不齐，碾种时容易导致大粒种子碾磨过重而损坏，但小粒种子却碾磨不足的现象，对此一般解决的方法是在碾磨处理前，首先将种子过筛分级，然后分级进行碾磨处理。一般需要碾磨1～2遍，处理效果以肉眼观察绝大部分种子的种皮失去光泽或轻微擦破，但种子完整，无其他损伤为宜。更为可靠的方法是进行种子吸胀检查，可随机抽取一定量的种子，用温水浸泡3 h左右，如果有90%以上的种子吸水膨胀，说明种子已处理好可用于播种，如吸水膨胀的种子低于70%，则还需要继续碾磨。

增温复浸法是将种子放入温水中浸泡6～8 h，此时有2/3的种子吸水饱满，与未吸水的种子（未浸透的硬实种子）在水中分层，未浸透的种子在下，浸透的种子在上，但不浮于水面，可随水将浸透的种子倒出，反复几次，直至把浸透种子全部倒出。将未浸透的种子放入50 ℃温水中浸泡至凉，吸胀的种子漂出，洗净种皮上的黏液。用此法处理的种子发芽率可达90%。此法处理的种子必须种在湿润的土壤中，干旱情况下不可用浸种法处理甘草种子。

（2）直播法

直播法指播种后不再移栽，连续生长3～4年直至采挖的一种栽培方法。播种分春播、夏播和秋播。春播一般在4月中下旬进行；对于灌溉困难的地区，可在夏季或初秋雨水丰富时抢墒播种，夏播一般在7—8月进行；秋播一般在10月进行，在春天出苗。但具体播种期的确定应该视土壤温度和水分状况而定，在土壤含水量适合的情况下，温度是种子萌发的限制因子。有研究表明，甘草在土壤温度大于10 ℃时即可萌发，最适宜的温度为25 ℃左右。

播种前，首先作畦，畦宽4 m，然后灌透水一次，蓄足底墒。种子可先进行催芽处理，也可直接播种处理好的干种子。播种量为每亩1.5 kg，播种行距为30 cm，播种深度为2.0 cm左右。可采用人工播种，也可采用播种机进行机械播种。播后稍加镇压，一般经1～2周即可出苗。对于春季气候多变的地区也可选在5月播种，只要当日平均气温升至10 ℃以上，地面温度升至20 ℃以上即可进行播种。幼苗期进行除草、间苗、定苗等管理措施。

（3）育苗移栽法

育苗移栽法，即首先选择肥水条件好的地块集中培育壮苗，然后再将培育好的壮苗移栽到栽培地的一种栽培方法。育苗也可分春季育苗、夏季育苗。一般多采用春季育苗，选择有灌溉条件、土层深厚、质地疏松、较为肥沃的砂壤地，土壤需深翻40 cm，施足底肥。撒播下种量每亩6.0 kg，条播下种量每亩3.0～4.0 kg，播深1～2 cm，播后覆盖细沙每亩5 m^3，出苗后及时除草、间苗，保苗不少于每亩7万株。生长一年移栽。

移栽分冬前移栽和春季移栽。冬前移栽一般在10月初土壤上冻前进行，春季移栽一般在3月底4月初土壤解冻后进行。比较而言，与春季移栽相比，冬前移栽第二年春季返青早，可适当延长生长期，有利于高产。为了保证丰产，可分级移栽，即将幼苗主根挖出后，按粗细分级后进行分级移栽。其中，粗0.8～1.0 cm的为1级根条，粗0.5～0.8 cm的为2级根条，粗度小于0.5 cm的为3级根条。用此方法，1、2级苗移栽密度可以适当稀些，每亩约9000～10000株，可收获商品等级较高的药材。3级苗移栽密度可以适当稠些，每亩约12000～13000株，虽单株根直径小但亩产量较高。经3年可成药材，鲜产量每亩1500 kg左右。按行距35 cm开沟移栽，沟深12～15 cm，将根条平摆于沟内，株距16～20 cm，覆土。

3. 地下茎繁殖

在采收甘草时，将无伤、直径0.5～0.8 cm左右的地下茎（横走茎）剪成10～15 cm长、带有2～3个芽的小段。在整好的田畦里按行距30 cm，开8～10 cm深的沟，将剪好的根茎节段按株距15 cm平放沟底，覆土压实即可。地下茎繁殖以秋季进行较好，可减少春天因采挖或移栽不及时造成的新生芽损伤，提高成活率。

4. 留种技术

从野生甘草采得种子，开花前和花期结束后喷施杀虫剂，8—9月种子成熟，割下后晒干脱粒。家种的甘草，直播者第五年开花结籽。地下茎及分株繁殖第二年开花结籽。

二、田间管理

1. 中耕除草

当年播种的甘草幼苗生长缓慢，易受杂草侵害。一般在幼苗出齐后进行第一次中耕除草，结合趟垄培土，提高地温，促进根生长。出现5片真叶时，进行第二次中耕除草，入伏后进行第三次中耕除草，再趟垄培土一次，立秋后拔除大草，地上部枯黄，霜后上冻前深趟一犁，培土压护根头越冬。第二年返青后，进行中耕除草，之后植株生长旺盛，主根增粗，株高10～15 cm时中耕除草，结合追肥、趟垄培土一次，入伏后再中耕除草，秋后趟垄培土越冬。第三年管理同第二年，但三年龄植株根头萌发较多根茎，根茎串走垄间，须适当增加趟垄次数，切断地下茎，促进主根生长。

2. 间苗、定苗

当幼苗出现4片真叶、苗高5 cm左右时，结合中耕除草间去密生苗和重苗，定苗最小株距以10 cm为宜。

3. 浇水、排水

无论直播或地下茎繁殖的甘草，在出苗前都要保持土壤湿润，特别是直播甘草，如在出苗中途发生土壤水分亏缺会造成种子次生休眠，发芽停滞，芽干死亡，导致严重缺苗甚至不出苗。因此，在播种前一定要灌足底墒，没有灌溉条件的地区应该在秋雨结束后用黑色地膜覆盖保墒。甘草具有较强的抗旱性，出苗后一般自然降水可满足其生长需要。但久旱时应浇水，浇水次数不宜过频，特别是要注意“迟浇头水”。甘草是深根性植物，在出苗后，主根随着土壤水层的下降，迅速向下延伸生长。如果浇水过早过勤会导致甘草萌发大量侧根，影响药材根形。一般在苗高10 cm以上，出现5片真叶后浇头水，并保证每次浇水均浇透，这样有利于根系向下生长。雨季土壤湿度过大会使根部腐烂，所以应特别注意排除积水，充分降低土壤湿度，以利根部正常生长。另外，在初冬还要灌好越冬水。

4. 追肥

甘草追肥应以P肥、K肥为主，少施N肥。N肥过多，会引起植株徒长，使营养向枝叶集中，影响根茎的生长。甘草喜碱，若种植地为酸性或中性土壤，可在整地时或在甘草停止生长的冬季或早春，向地里撒施适量熟石灰粉，调节土壤为弱碱性，以促进根系生长。第一年在施足基肥的基础上可不追肥；第二年春天在芽萌动前可追施部分有机肥，以棉饼和圈肥为宜；第三年可在雨季追施少量速效肥，一般追施磷酸二铵每亩15 kg，以加速甘草的生长。每年秋末甘草地上部分枯萎后，每亩用2000 kg腐熟农家肥覆盖畦面，以增加地温和土壤肥力。

三、病虫害防治

甘草主要病害有锈病、褐斑病等，虫害有甘草种子小蜂、蚜虫、甘草胭蚧等。

1. 锈病

（1）症状

一般于5月甘草返青时始发，危害幼嫩叶片，感病叶背面产生黄褐色疱状病斑，表皮破裂后散出褐色粉末，即为夏孢子。8—9月形成黑色冬孢子堆。

（2）防治方法

集中病株残体烧毁。发生期用25%三锉酮可湿性粉剂1000倍液喷雾防治。

2. 褐斑病

（1）症状

褐斑病的病原是真菌中一种半知菌。危害叶。受害叶片产生圆形和不规则形病斑，病斑中央呈灰褐色，边缘呈褐色，在病斑的正反面均有灰黑色霉状物。

（2）防治方法

集中病残株烧毁。发病初期用70%甲基托布津可湿性粉剂1000～1500倍液喷雾防治。

3. 甘草种子小蜂

（1）症状

甘草种子小蜂属膜翅目广肩蜂科。危害种子。成虫产卵于青果期的种皮上，幼虫孵化后即蛀食种子，并在种子内化蛹，成虫羽化后咬破种皮飞出。被害籽被蛀食一空，种皮和荚上留有圆形小羽化孔。此虫对种子的产量、质量影响较大。

（2）防治方法

清园，减少虫源。种子处理，去除虫籽或用西维因粉拌种。花期结束后喷施0.3%苦参碱水剂。

4. 蚜虫

（1）症状

蚜虫属同翅目蚜科。成虫及若虫危害嫩枝、叶、花、果，刺吸汁液，严重时使叶片发黄脱落，影响结实和产品质量。

（2）防治方法

发生期用45%辛硫磷乳油2000倍液喷雾， 7天后再喷一次，便可较长期有效控制蚜虫危害。

5. 甘草胭蚧

（1）症状

于4月下旬开始严重危害，一直持续到7月下旬。发生时在土表下5～15 cm的根部可见有玫瑰色的“珠体”，即蚧虫群集根部，吸食汁液，其可使根上部组织受到破坏，地上部分长势衰弱，以至全株干枯死亡。

（2）防治方法

清除甘草地及周围的杂草，避免重茬，减少虫源。避免在虫害地区引进种苗。在成虫羽化盛期（7月下旬），可向地面喷施阿维菌素1.8%乳油4000倍液或70%吡虫啉水分散剂6000倍液，以减少次年的虫口密度。

四、采收与加工

1. 采收

甘草3年生以上可以采收。1～4年期间是甘草酸快速积累期，因此从甘草酸角度出发，第四年采收较为适宜。10月中下旬地上部分枯萎后采收。甘草根深，主根长度为地上部株高的2～3倍，3～4年根龄的主根长度一般在1.5 m以上。因此，直播甘草采收时可以沿行两边先把土挖走20～30 cm后，用50 cm铁叉深挖，别松根系，揪住根头用力拔出，然后再把下一行的土挖出放到前一行的地方，这样不仅可以增加产量，而且不乱土层，不影响下茬作物的生长。育苗移栽采挖相对比较容易，既可用人工采收，也可用机械采收。机械采收一般用拖拉机配套一片铧尽可能深翻，犁出根系，然后用耙将根搂出即可。目前甘肃河西走廊主产区采用马铃薯收获机采收甘草，效果较好。对于育苗地的起苗也可采用上述机械采收的方法。

2. 加工

去掉芦头、毛须、支根，晒至半干，按照条草的商品规格分级捆扎，晾晒至全干。

五、药材规格标准及质量标准

1. 规格标准

（1）大草规格标准

统货。干货。呈圆柱形。表面红棕色、棕黄色或灰棕色，皮细紧，有纵纹，斩去头尾，切口整齐。质坚实、体重。断面黄白色，粉性足。味甜。长25～50 cm，顶端直径2.5～4 cm，黑心草不超过总重量的5%。无须根、杂质、虫蛀、霉变。

（2）条草规格标准

①一等。干货。呈圆柱形，单枝顺直。表面红棕色、棕黄色或灰棕色，皮拉紧，有纵纹，斩去头尾，口面整齐。质坚实、体重。断面黄白色，粉性足。味甜。长25～50 cm，顶端直径1.5 cm以上。间有黑心。无须根、杂质、虫蛀、霉变。

②二等。干货。呈圆柱形，单枝顺直。表面红棕色、棕黄色或灰棕色，皮细紧，有纵纹，斩去头尾，口面整齐。质坚实、体重。断面黄白色，粉性足。味甜。长25～50 cm，顶端直径1 cm以上。间有黑心。无须根、杂质、虫蛀、霉变。

③三等。干货。呈圆柱形，单枝顺直。表面红棕色、棕黄色或灰棕色，皮细紧，有纵纹，斩去头尾，口面整齐。质坚实、体重。断面黄白色，粉性足。味甜。长25～50 cm，顶端直径0.7 cm以上。无须根、杂质、虫蛀、霉变。

（3）毛草规格标准

统货。干货。呈圆柱形弯曲的小草，去净残茎，不分长短。表面红棕色、棕黄色或灰棕色。断面黄白色，味甜。顶端直径0.5 cm以上。无杂质、虫蛀、霉变。

（4）草节规格标准

①一等。干货。呈圆柱形，单枝条。表面红棕色、棕黄色或灰棕色，皮细，有纵纹。质坚实、体重。断面黄白色，粉性足。味甜。长6 cm以上，顶端直径1.5 cm以上。无须根、疙瘩头、杂质、虫蛀、霉变。

②二等。干货。呈圆柱形，单枝条。表面红棕色、棕黄色或灰棕色，皮细，有纵纹。质坚实、体重。断面黄白色，粉性足，有甜味。长6 cm以上，顶端直径0.7 cm以上。无须根、疙瘩头、杂质、虫蛀、霉变。

（5）疙瘩头规格标准

统货。干货。系加工条草砍下之根头，呈疙瘩头状。去净残茎及须根。表面黄白色。味甜。大小长短不分，间有黑心。无杂质、虫蛀、霉变。

2.质量标准

加工好的药材，各类甘草均以皮细而紧、质坚体重、红棕色、粉性大、甜味浓、干燥无杂质者为佳。根皮棕红色，断面黄色，粉性足，味甜。

【水分】不得过12.0%。

【总灰分】不得过7.0%。

【酸不溶性灰分】不得过2.0%。

【含量测定】本品按干燥品计算，甘草酸（$C_{42}H_{62}O_{16}$）含量不得少于2.0%，甘草苷（$C_{21}H_{22}O_{9}$）含量不得少于0.50%。

第五节 掌叶大黄栽培技术

一、栽培技术

1. 选地整地

种植地宜选在海拔2000～2800 m的凉爽山地，以土层深厚、土壤疏松、富含腐殖质以及排水良好的沙质壤土为宜，土质黏重、地势低洼的土地不宜选择。前茬以小麦、青稞、油菜、马铃薯等为宜，不可连作。

选好地后要仔细整地，深耕30 cm以上，打破犁底层。开穴时穴底亩施1500～2000 kg腐熟农家肥，翻入土中作基肥。翻耕后要及时耙耱，清除田间杂草、石砾及残留物，打碎坷垃，排水不良的地带做成宽1.3 m、高30 cm的高畦，以备播种育苗。深耕能加厚活土层，熟化土壤，增加土壤的蓄水保墒能力，改善土壤通气状况，促进微生物活动，加速有机养分分解，提高土壤肥力。尤其打破犁底层有利于水分入渗，减少雨季耕层土壤积水，减轻根腐病危害，深层土壤储水增加有利于抗旱，也有利于根系生长。深耕结合增施有机肥料，以培肥地力，是获得大黄高产的有效措施。

2. 种子生产及育苗

大黄可种子繁殖，也可子芽繁殖。种子繁殖可育苗移栽也可直播。

（1）种子生产

选择优良的掌叶大黄种子。选种时应选品种纯正、生长发育健壮、无病虫害的4年生开花的植株作为种株。种植期间加强肥水管理。于7月上旬至8月上旬，大部分种子呈黑褐色时，连茎割回，放在阴凉通风处，数日后抖下种子，晒干后贮藏。表1-3为掌叶大黄种子的分级标准。

表1-3 掌叶大黄种子的分级标准

项目	指标		
	一级	二级	三级
净度/%	≥97.0	≥90.0	≥86.0
千粒重/g	≥10.2	≥9.8	≥8.7
发芽率/g	≥83.0	≥77.0	≥69.0
含水量/%	≤9.5	≤10.0	≤11.0
健康状况	不得检出任何病原菌及有害微生物		

（2）育苗

①育苗。育苗以春播为好。

②种子处理。一般育苗选用一级、二级种子。春播时期土壤墒情不好，若种子不处理直接播种，则出苗相对较慢。如果土壤墒情较好，且种子经过催芽处理，可大大加快出苗速度。处理方法是将种子放入18～20 ℃的水中浸数小时，浸后用湿布覆盖，几个小时翻动1次，当大部分种尖露白时即可播种。催芽的种子需要播在底墒好的土壤中，若底墒不足，需要在播前进行穴灌，否则种子因土壤干燥，易产生次生休眠而回芽，影响出苗率。播种可采用条播和撒播。

③播种。春播在4月初解冻后进行，过早播种幼苗出土后易受冻害，过晚播种往往土壤墒情变差。条播行距20 cm，开沟深3～5 cm，将种子均匀撒在沟内，覆土厚1～2 cm，亩用种量3～4 kg。撒播，在地面均匀撒种子，耙耱两遍，亩用种量5～7 kg。降水量小于450 mm的地区播后立即覆盖秸秆，秸秆用量每亩300 kg。雨水较多或播种时土壤墒情很好的情况下不需要覆盖秸秆。大黄育苗也可以采用地膜覆盖穴播方式（具体方法见黄芪，每亩播量2 kg）。

④直播。播种时间为初秋或早春。按株距60 cm、行距70 cm开穴（第一年可以套种其他作物），穴深3 cm左右，每穴播种5～8粒，覆薄细土1～2 cm。春播在播种前应进行催芽，方法同育苗。每亩用种0.4 kg左右。不移栽连续生长3年，立冬后采收。

⑤子芽繁殖。在大黄收获季节，将根茎侧面萌生的健壮肥大子芽掰下或切下种植，株距60 cm、行距70 cm（第一年可以套种其他作物），子芽朝上栽入土中，覆土2～3 cm。也可选生长健壮而无病虫害的母株，将其根茎上的芽眼用刀切下，栽植于苗床，到翌年秋天再移栽。子芽分离和切割的伤口应涂上草木灰，以防感染病菌。

（3）苗期管理

①除草、灌水与施肥。种子播后至幼苗出土前，切忌大水漫灌，若土壤干燥，可在傍晚喷灌，防止土壤板结。幼苗大部分出土后，于阴天或傍晚揭去覆草。幼苗出齐后，随时注意除草和灌水，保持田间土壤湿润无杂草。除草务早，除草过迟则杂草与幼苗争夺养分和光照，会严重降低种苗质量。幼苗生长正常则不需要施肥，幼苗生长缺肥则需要追肥，以促使小苗赶大苗、弱苗变壮苗，达到苗齐、苗匀、苗壮的目的。

②间苗、定苗。幼苗密度过大，应及时间苗，除去过密、长势过弱或有病虫的幼苗。间苗工作应视具体情况分一次或多次进行，宜早不宜迟。一般情况下，撒播的5～7 cm留苗1株，条播的在播种行中应保持株距不小于4 cm，亩保苗不低于3万株，不高于6万株。由于气候条件或病虫害的影响常造成缺苗，因此在间苗的同时，间出的苗子可以用于补苗，及时把缺苗、死亡或过稀的地方补栽齐全。如管理得当，每亩可育壮苗3万～6万株，能移植20～30亩地。直播田也应加强苗期管理，视情况间苗一次或多

次，苗高10 cm左右定苗，每穴留苗1株。

③覆盖防冻或储苗。大黄通常在春季土壤解冻后边起苗边移栽，种苗留床过冬，需要覆盖防冻。初冬地上部分枯萎时，撒播的苗床用杂草或落叶覆盖畦面，到翌年春天解冻后，幼苗开始萌动前揭去覆盖物起苗；条播的苗床，幼苗倒苗后可将行间土壅于苗上越冬，厚3～5 cm。直播田也应覆草或土防冻，以使幼苗安全越冬。海拔较高春季土壤解冻过迟的地方育苗，种苗销往海拔相对较低的地区，需要冬前将种苗挖出储苗过冬，春季取出苗子移栽。方法是在干燥阴凉的地方挖坑，深约1 m，宽1 m，长根据苗子多少而定，起苗后晾晒1～2天，使种苗散失多余的水分，然后5～8苗扎把，在坑底摆一层苗把，放一层土，土壤厚度5 cm左右，再一层苗一层土反复储苗，到近地面10 cm时使其上堆积土壤呈龟背形，以防雨水渗入。

④苗期防治虫害。大黄幼苗期根蚜、甜菜跳甲、大灰象甲危害较严重，其中蚜虫用45%辛硫磷乳油1000～2000倍液喷雾防治，甜菜跳甲可采用药剂拌种防治。防治大灰象甲，必须采取综合防治措施，才能收到显著效果，可在成虫发生期，利用其假死性、行动迟缓、不能飞翔之特点，于9时前或16时后进行人工捕捉，或根部喷施45%辛硫磷300倍液或90%晶体敌百虫1000倍液。

（4）移栽

于3月下旬至4月上旬土壤解冻后移栽。移栽时边起苗边栽，将苗挖出后，抖掉泥土，剪去侧根，只留1个主根，除去病株。在整好的土地上，按株距50 cm、行距60 cm挖穴，不能机械化采收的地块前后穴品字形排列，可以机械化采收的成行排列。穴深30～40 cm，每穴施入农家肥1 kg，与穴土拌和，再覆土2 cm，然后每穴栽苗2株，一大一小，间苗时弱小的一苗拔掉，栽后覆土。边覆边压，使根条与土壤紧密结合。春季移栽的覆土要浅，覆土厚度2～3 cm，使苗叶容易露出地面，利于生长；秋季移栽时覆土宜厚，应高出芽嘴4～6 cm，以免冬季遭受冻害。覆土后，穴内土面应低于地面10 cm左右，以便后期追肥与培土。

二、田间管理

1.施肥和培土

翻地时施有机肥，移栽后第一年通常不追肥，只在冬前霜打倒苗后清理残叶，用土杂肥或土壤壅根防冻。第二年生长期可追肥2次，追施腐熟农家肥、叶面肥。返青后20天第一次追肥，每穴施农家肥1 kg；7月中旬第二次追肥，每穴施农家肥1 kg。生长正常的大黄不施化肥，缺肥生长缓慢的单株施氮磷钾三元复合肥2～3 g，随培土施入。大黄根茎有不断向上生长的特性，而且根茎向上延长时有抑制侧根发育的作用，所以每次中耕除草或追肥时均应培土，以促进根茎生长，并利于排水防冻。

2. 中耕除草

大黄生长期每年进行3次中耕除草，可消灭杂草，使土块细碎、土壤疏松、空气流通，从而有利于大黄根系呼吸和土壤好气性微生物活动，促进土壤有机质分解，增加土壤肥力。第一次于5月初进行，第二次于6月中旬进行，第三次于月7初进行。以后视杂草情况随时进行，下雨天不宜中耕除草。

3. 水分管理

大黄生长期要求土壤湿润，但如果雨水过多，应立即排水，积水易使大黄发生根腐病，而根腐病会导致大黄生长不良。

4. 摘薹、抹芽

大黄栽后的第2年有抽薹开花现象，该现象会消耗大量养分，这时要及时摘薹，抑制大黄的生殖生长，使养分集中到营养生长，促进光合产物向根和根茎部运输贮藏，提高根及根茎的产量和品质。摘薹时应选晴天进行，从根茎部割去花薹，并用干土或草木灰盖住花薹断口，以防止切口灌入雨水后腐烂。摘薹后15～20天抹芽，即只留一个较大的芽使其向上生长，其余侧芽抹去。不抽薹株没有本项操作。

5. 越冬期管理

（1）清园

当地上部分枯萎后，要及时清除枯枝落叶，集中烧毁，减少越冬的病虫源，以减轻翌年的病虫害。

（2）冬前培土施肥

在大黄停止生长后，每亩需用土杂肥1500 kg，拌土壅蔸防冻，使大黄安全越冬。

三、病虫害防治

1. 根腐病

（1）症状

危害根部，首先是根部先端腐烂，然后是叶片渐渐变黄，直至整株枯死。病原菌在土壤中越冬。春天当温度回升到10 ℃时，病原菌开始萌发，随着温度的升高，特别是7—8月，温度高、湿度大时，发病较严重。水流可传播病原。

（2）防治措施

雨后及时排水；生长期经常松土，防止土壤板结；连作周期5年以上，发病期用50%甲基托布津可湿性粉剂800倍液浇灌病株根部；或及时拔除并集中处理病株，同时用石灰在病株周围消毒，减少菌源；增施有机肥，适时中耕除草，促进植株健壮生长；出苗2周后可使用波尔多液或井冈霉素50%的溶液喷雾防治。

2. 轮纹病

（1）症状

主要危害叶片，叶片受害后病斑呈圆形，直径1～2 cm，红褐色，具同心轮纹，内密生黑褐小点，即病原菌的分生孢子器。病害严重，可使叶片枯死。轮纹病在大黄出苗后不久即会发生，一直可持续到收获。病原：*Ascochytarhamnni*和*Phullostictarhammi*为两种病原真菌。发病规律：病菌以菌丝在病斑里或在子芽上越冬。病菌借风雨传播。

（2）防治措施

秋末冬初清除落叶枯枝，减少越冬菌源；加强早期中耕除草，增施有机肥，提高植株抗病力；发病后连续喷洒300倍波尔多液或70%代森锰锌600倍液。

3. 炭疽病

（1）症状

危害叶片，初期病斑呈圆形，中央淡褐色，边缘紫红色，以后着生轮状排列的小黑点，后期病斑穿孔。病原：大黄炭疽病病原属半知菌亚门，黑盘孢科，刺盘孢属。发病规律：病原菌在病株上越冬，翌年的4—9月不断蔓延危害，7—8月为盛期。高温多雨发病严重。病原菌分生孢子通过雨水或借助风力传播。

（2）防治措施

冬季清除枯枝落叶并集中烧毁，减少越冬菌源；增施有机肥，适时中耕除草，促进植株健壮生长；发病初期，可用300倍波尔多液或井冈霉素0.005%的溶液喷雾防治。农药参照轮纹病。

4. 霜霉病

（1）症状

危害植株的叶片，病叶上病斑呈多角形或不规则形，黄绿色，无边缘。叶背可见灰紫色霉状物。发病严重时，叶片枯死。病原为大黄霜霉病病原，属鞭毛菌亚门霜霉目。发病规律：病原菌以卵孢子在病叶上越冬。翌年春条件适合时，卵孢子萌发，释放出游动孢子，借风雨传播，从寄主气孔侵入危害。在低温高湿条件下容易发生。一般在4月中、下旬开始发病，5—6月发病严重。

（2）防治措施

实行轮作；保持土壤排水良好；及时拔除病株并加以烧毁；病穴土壤用石灰消毒；消除田间枯枝落叶及杂草，消灭越冬病源；发病初期喷施40%疫霜灵300倍液或58%瑞毒霉500～800倍液，每隔7～10天喷一次，每次连续喷2～3遍。

5. 黑粉病

（1）症状

发病初期可见叶片红色或黑色病斑。发病严重时，叶柄表面不平，横切面能看到黑粉，叶片枯死，根茎腐烂。病原为楔孢黑粉菌属，其孢子堆埋在大黄叶片或叶柄的组织内。孢子团呈粉状，棕褐色，孢子球呈圆形或不规则形，由3～17个孢子组成，结合紧密。无不孕细胞，孢子与孢子结合面光滑，而游离表面密布明显的乳头状突。孢子球黄褐色。发病规律：病原菌在病叶上越冬。翌年春夏条件适合时，孢子萌发危害。在低温高湿条件下容易发生。一般在6月中、下旬开始发病，7—8月发病严重。

（2）防治措施

消除田间枯枝落叶及杂草，消灭越冬病源。用20%三唑酮乳油1000倍液喷雾防治。

6. 蓼金花虫

（1）症状

蓼金花虫属鞘翅目叶甲科，是大黄的主要害虫。此虫寄主范围广，危害时间长，自气温上升到7～8 ℃大黄抽新芽开始，直到晚秋回苗前大黄均受其害。幼虫潜食叶肉，留下表皮，形成小透明斑。高龄后分散危害，高龄幼虫咬食叶片成缺刻或大孔洞，严重影响大黄生长，往往造成毁灭性灾害。

（2）防治措施

通常用辛硫磷1500倍液喷雾，或用阿维菌素1.8％乳油4000倍液喷雾，最多施用3次，安全间隔期为7～10天。

7. 酸模叶甲

（1）症状

酸模叶甲属鞘翅目叶甲科，是大黄和其他多种蓼科药用植物的主要害虫。酸模叶甲的寄主植物除大黄外，还有萹蓄、海滨酸模、羊蹄、狭叶酸模、水红花子和阿尔泰大黄等。酸模叶甲的成虫、幼虫均嚼食叶片。成虫嚼食叶肉，把叶片吃成许多透明斑，严重时嫩叶被害后成片枯萎。初孵幼虫先聚集在卵壳四周危害叶片、潜食叶肉，致使叶片仅剩表皮，形成透明斑。3龄后分散危害，高龄幼虫蚕食叶片，使叶片呈缺刻或大孔洞状，并排出黑色粪便于叶片上，污染植株。严重时全叶被吃光，仅剩叶脉，甚至整片植株枯死。

（2）防治措施

同蓼金花虫。

8. 蓼蓝齿胫叶甲

（1）症状

蓼蓝齿胫叶甲成虫、幼虫均嚼食叶片。成虫嚼食叶肉，把叶片吃成许多透明斑，严重时嫩叶被害后成片枯萎。发生危害规律：1年发生1代。成虫有假死性和夏蛰习性。卵多产于寄主植物叶子反面，几十粒一堆，不规则排列。3龄幼虫、老熟幼虫入土化蛹。

（2）防治措施

同蓼金花虫。

9. 斜纹夜蛾

（1）症状

斜纹夜蛾又名莲纹夜蛾，属鳞翅目，夜蛾科。它的分布遍布全国，是一种杂食、暴食性害虫，能危害的植物已达99科290种之多，其中最喜食的约90种。危害情况：斜纹夜蛾以幼虫危害植物叶部，也危害花及果实，大发生时能将全田吃成光秆或仅剩叶脉，以后又转移危害，以致毁产。

（2）防治措施

同蓼金花虫。

10. 甜菜跳甲

（1）症状

甜菜跳甲成虫咬食幼苗子叶和幼嫩真叶后，叶呈缺刻或圆孔形。虫害发生时，叶片全部被吃光，造成缺苗。

（2）防治措施

同蓼金花虫。

11. 甘蓝夜蛾

（1）症状

甘蓝夜蛾属鳞翅目，夜蛾科，别名夜盗蛾，幼虫又叫作地蚕、切根虫、截虫。危害情况：甘蓝夜蛾的幼虫为杂食性害虫；3龄前群集叶背取食，3龄后分散危害，有暴食性；受害严重时叶肉全被吃光，仅剩较粗的叶脉和叶柄；受害轻时叶子也被咬成大小不等的孔，影响产量。

（2）防治措施

同蓼金花虫。

12. 大灰象甲

（1）症状

大灰象甲又名大灰象虫，属鞘翅目，象甲科。常与蒙古象甲混合发生，共同危害。食性极杂，寄主植物有41科70属101种。危害情况：成虫吸食幼嫩多汁的幼苗；幼虫沿叶脉咬食叶片，食痕呈半圆形，缺刻；由于群集危害，幼苗一旦危害，便无一幸存。

（2）防治措施

同蓼金花虫。

13. 蚜虫

（1）症状

多在叶片背面，检查时需将叶片翻过来看，危害叶片发生皱缩，最后干枯。多发生在6—8月。

（2）防治措施

用50%抗蚜威粉剂900倍液喷雾，最多施用3次。

四、采收与加工

1. 采收

生长3年（移栽后2年）的植株采收，在11月初上冻之前采挖。采挖时，先把地上部分割去，挖开四周泥土，沿根部深挖，力求全根，抖净泥土，切去茎或细根，刮去粗皮。大黄干燥不及时会发生根体内部霉烂枯朽现象，称为“糠黄”，有的大黄产品糠黄比例高达80%，所以大黄干制是一项棘手问题，传统方法是上棚烟熏干燥，燃烟熏制3～4个月，目前生产上尚没有好的烘干办法。

2. 产地加工

根茎先刮去外表粗皮，挖去生长点，较长的主根横切成段，熏制干燥，也可炕干或晒干，还可加工成蛋吉；较粗的根茎从中间纵切两瓣，干制成片吉。上棚熏干是最传统的干制方法，熏干的大黄品质最好，但现在森林资源越来越少，熏干方法难以为继。熏干时，将切好的大黄放在熏棚上，切口朝上，棚下炉中点燃薪柴，用微烟熏，不用明火，每三天翻动一次，使大黄加热均匀，看到大黄切片内有油状物时，再用较大的烟熏，温度保持在16～20 ℃，干制期间不能过急，使里外干燥一致，中部不会糖心、空枯、黑腐，熏干持续约3～4个月；八成干从棚上取下，继续晾晒，足干后按片吉、蛋吉、水根用编织袋包装，放在干燥阴凉处贮存。选择成色好，受热均匀，无糠心，无虫蛀的干品（水分小于13%）分级加工。外销品撞去大黄根茎黑皮后，再用竹刀削去木质粗皮，再撞去黄片凸角，呈金黄色。

此外，也可将刮皮后根茎切成0.6 cm厚的薄片，晒干或烘干，作为药厂投料使用。粗侧根刮皮后，切成10～13 cm长的短节，晒干或烘干即成。细根不必刮皮，晒干称为“水根”，水根部分有效成分含量更高，但由于块形不好，往往价格不高，有些地方甚至不用水根，其实水根是很好的大黄原料。加工过程一定要认真细致，不可疏忽致其霉烂。

五、药材规格等级及质量标准

1.规格等级

①一等。干货。呈圆柱形、圆锥形、卵圆形或不规则块状。除尽外皮者表面黄棕色至红棕色。质坚实，有的中心稍松软，断面淡红棕色或黄棕色，显颗粒性；根茎髓部宽广，有星点环列或散在；根木部发达，具放射状纹理，形成层环明显，无星点。气清香。无虫蛀、霉变。每千克6个以内，糠心不超过15%。

②二等。干货。呈圆柱形、圆锥形、卵圆形或不规则块状。除尽外皮者表面黄棕色至红棕色。质坚实，有的中心稍松软，断面淡红棕色或黄棕色，显颗粒性；根茎髓部宽广，有星点环列或散在；根木部发达，具放射状纹理，形成层环明显，无星点。气清香。无虫蛀、霉变。每千克7～10个以内，糠心不超过15%。

③三等。干货。呈圆柱形、圆锥形、卵圆形或不规则块状。除尽外皮者表面黄棕色至红棕色。质坚实，有的中心稍松软，断面淡红棕色或黄棕色，显颗粒性；根茎髓部宽广，有星点环列或散在；根木部发达，具放射状纹理，形成层环明显，无星点。气清香。无虫蛀、霉变。每千克10～20个以内，糠心不超过15%。

④统货。干货。呈圆柱形、圆锥形、卵圆形或不规则块状。除尽外皮者表面黄棕色至红棕色。质坚实，有的中心稍松软，断面淡红棕色或黄棕色，显颗粒性；根茎髓部宽广，有星点环列或散在；根木部发达，具放射状纹理，形成层环明显，无星点。气清香。无虫蛀、霉变。每千克小于40 g的大黄不超过10%，糠心不超过15%。

2.质量标准

【干燥失重】取本品，在105 ℃干燥6 h，减失重量不得过15.0%。

【总灰分】不得过10.0%。

【浸出物】不得少于25.0%。

【含量测定】本名按干燥品计算，含总蒽醌以芦荟大黄素（$C_{15}H_{10}O_5$）、大黄酸（$C_{15}H_8O_6$）、大黄素（$C_{15}H_{10}O_5$）、大黄酚（$C_{15}H_{10}O_4$）和大黄素甲醚（$C_{16}H_{12}O_5$）的总量计，不得少于1.5%，游离蒽醌不得少于0.20%。

器具篇

第二章
综合器具

第一节　制作与建造器具

一、制作器具

1. 平斤

平斤（图2-1），用于制造中药材生产工具，主要用来砍平木料使其顺直平整（图2-2）。刃宽约12 cm，木柄长约120 cm。操作时从正前方抡起平斤砍下，平斤刃部落点在脚前。

图2-1　平斤

图2-2　用平斤将圆木砍平为木板

2. 凿子

凿子（图2-3），用于制造中药材生产工具，主要用来打孔。刃部有半圆形和一字形，可在木料上凿出圆孔、长方孔。

3. 妈钳

妈钳（图2-4），用于制造中药材生产工具，主要作用是卡住加工部件以免移动。长约20 cm，开张角度根据木料大小可调，末端弯曲尖锐。传说鲁班推刨木料时母亲双手按压前端以防移动，发明此器以替代母亲，故名“妈钳”。

图2-3　凿子

图2-4　妈钳

4. 墨斗

墨斗（图2-5），用于在木料上放线。多用牛角或木块制成长方形盒子，下端为线轮，中间垫上棉花存入墨汁，上端为墨线出口，墨线端头绑一小钉，中间拉起墨线再放开，墨线弹回就会在木料上印出一条直线。

5. 刨

拱刨（图2-6），用于制造中药材生产工具，初步刨平木料表面，使木料初步平正，但整体尚不平正。

担尺刨（图2-7），用于制造中药材生产工具，主要作用是使粗刨平的木料表面完全平正。

线推刨（图2-8），用于制造中药材生产工具，刃部有弧形或各种特殊形状，主要作用是在木料棱角上刨出弧形或其他花边。

6. 锯

梁锯（图2-9），用于制造中药材生产工具，主要作用是锯切木料。

手锯（图2-10），用于制造中药材生产工具，主要作用是锯切小块木料，也可修剪木本药用植物。

图2-5　墨斗

图2-6　拱刨

图2-7　担尺刨

图2-8　线推刨

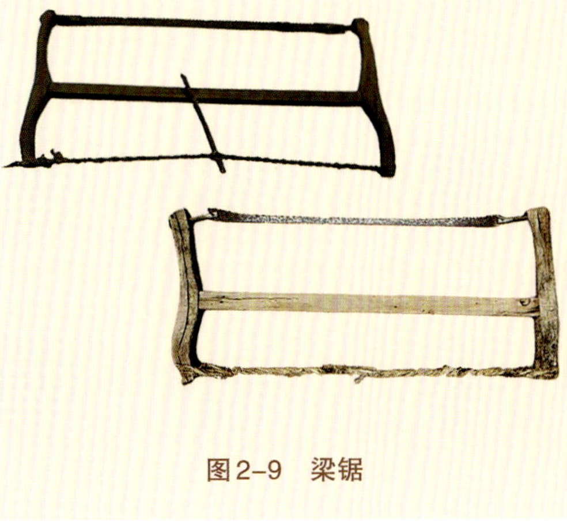

图2-9　梁锯

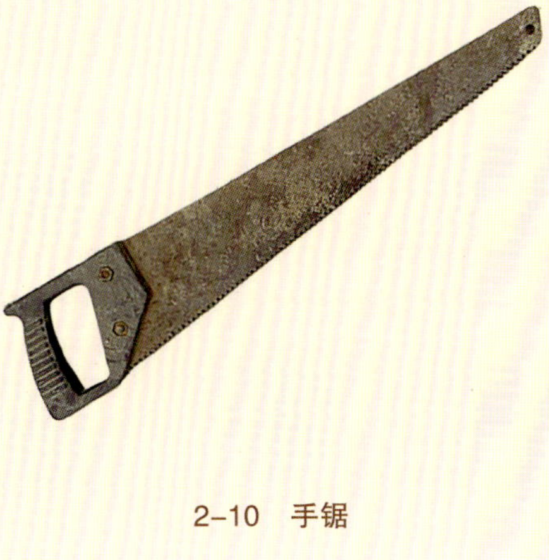

2-10　手锯

7. 砧子

砧（zhēn）子（图2-11），用于打铁，如打造镢头、铲子、斧头等中药材生产的铁质农具。

8. 炉子

打铁炉子（图2-12），用于加热铁器使铁器变软，如可用于打造镢头、斧头等中药材生产铁质农具。图2-12中左侧为炉，右侧为风匣。

9. 风匣

风匣（图2-13），是一种压缩空气产生气流的鼓风装置，由木箱、活塞、风门等构成，通常安装在炉灶旁边，用来吹风增氧以加速燃烧。

图2-11　砧子

图2-12　打铁炉子

图2-13　风匣

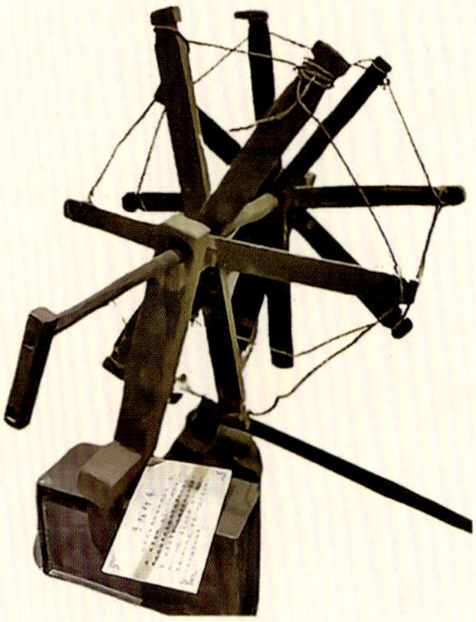

图2-14　纺线车

10. 纺线器

纺线器有以下几种：

纺线车（图2–14），是一种将棉花纺织成棉线的工具。

梭子（图2–15），是一种纺布用具。

缠线轮（图2–16），是一种将羊毛、棉花、麻等材料拧缠成线绳的工具。

纺线锤（图2–17），是一种将羊毛、棉花、麻等材料拧缠成线绳的工具。一般用石制成，也有用铁、铜等金属制成的。

11. 拧绳器

拧绳器（图2–18），由细绳固定架、拧合木块、大绳拧绳架三部分组成。

图2–15　梭子

图2–16　缠线轮

图2–17　纺线锤

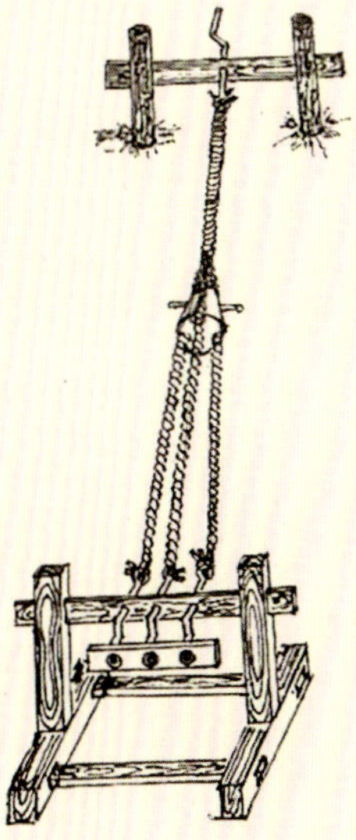

图2–18　拧绳器

12. 斧

斧头（图2-19），用于砍、削木料，制造犁、耱等中药材生产工具，也用于木本药用植物修剪、皮类药材去皮、根茎类中药材去头等。形状大小多样，金属部分长约12～16 cm，刃部宽约6～10 cm，木柄长约25～45 cm。

13. 錾子、镵子、铁锤

錾（zàn）子（图2-20），是一种加工石器的工具。用铁打造淬火制成，有较强的韧性和硬度，长约20 cm，尖端有方尖或圆尖等不同类型。可配合铁锤敲打钢钎，切割或琢刻石头，使石器成形或在石器表面雕刻纹饰。

镵（chán）子（图2-21），是一种加工石器的工具。用铁打造而成，中间有安装木柄的长方形孔，长约12～14 cm，宽约6～8 cm，厚约5～6 cm，一端有空腔安装刃部，刃部为楔形铁块，淬火打造而成，有很好的硬度和韧性。

铁锤（图2-22），是加工石器的工具，主要作用是敲打钢钎或镵子，切割或琢刻石头。

14. 铲

铲（图2-23），用于除草、挖药、砍树枝、切修驴马蹄子等。

15. 扳手、钳子

扳手、钳子（图2-24），用于设备安装、维修等。

16. 刨床

刨机（图2-25），用于锯切木料、刨平木板、打孔等，常用于制造木质中药材生产农具。

图2-19　斧头

图2-20　錾子

图2-21　镵子

图2-22　铁锤

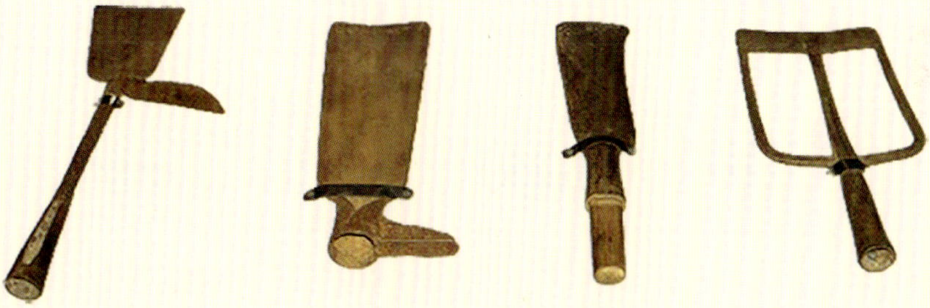

图2-23　铲

图2-24　扳手、钳子（左1、左2为扳手，右1为钳子）

图2-25　刨机

二、设施建造器具

1. 碌碡

碌碡（liù zhou）（图2–26），用花岗岩等石材雕琢而成，呈圆柱形，一端直径稍小，便于圆周运动，大小多样，一般直径40～60 cm，长50～80 cm，两端轴心处凿方孔嵌入木质或铁质轴，外围安装木质或铁质薄架，周围雕刻齿纹。多用于碾压脱粒种子，也可用于压平场地。

2. 线坠

线坠（图2–27），是建筑或测量时用于确定垂直线的器具。

3. 水平尺

水平尺（图2–28），是用于确定水平或垂直的工具。

4. 杵

杵，多用花岗岩等石材雕琢而成，也有铁质、木质的。其形状有平底和尖底

图2–26　碌碡

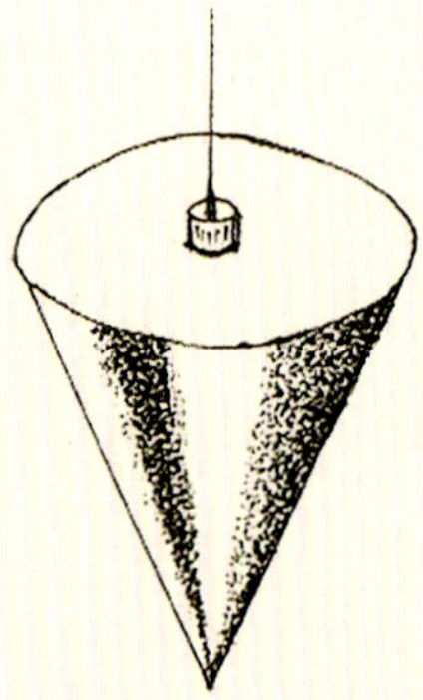

图2–27　线坠

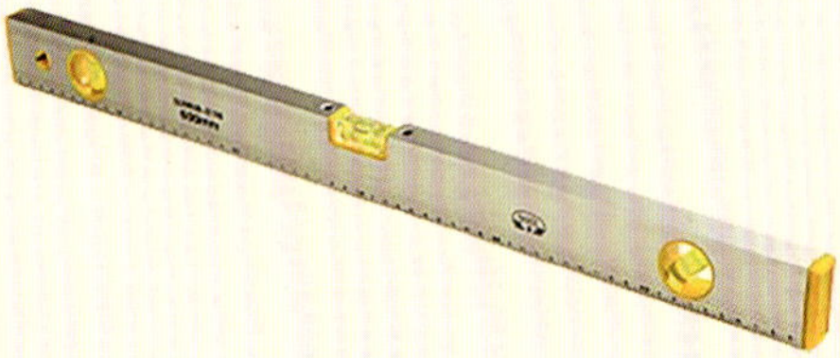

图2–28　水平尺

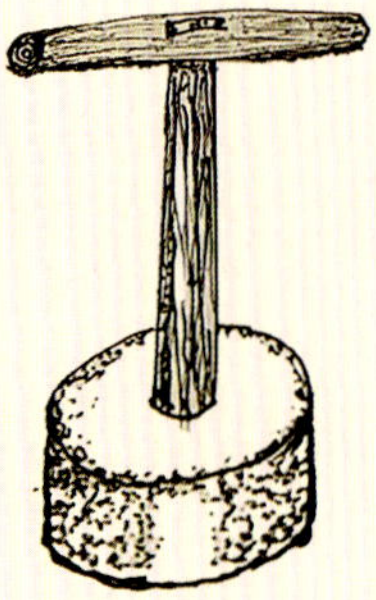

图2–29　石杵

两类，大小多样，重约10 kg。尖底的用于筑墙，筑实地基、地埂、墙基等。平底的用于打墼子或筑实地面。石杵（图2-29），用于压平压实地面，建设中药材晾晒场地。

5. 墼圈子与杵子

墼（jī）圈子与杵子（图2-30），用于制作土坯。墼圈子是压制墼子的外框，湿土打紧压实形成的土坯称墼子，墼子可用于砌墙，建造中药材贮存仓库等。

6. 泥壁

泥壁（图2-31），大小多样，用于抹平建筑墙面及地面等的草泥或砂浆。

7. 线圈架

线圈架（图2-32），用于缠绕围栏线圈，是一种建造药用植物栽培地围栏的用具。其下端安装了轮子，可以拖行。

8. 夯机

夯（hāng）机（图2-33），是一种夯实地面的机具，用于晾晒场地建设等。

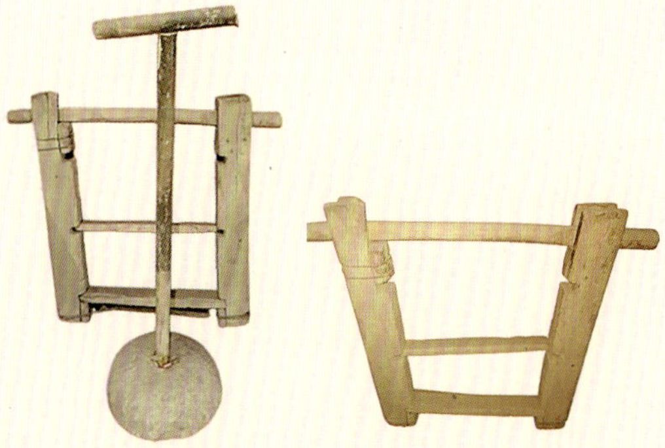

图2-30　墼圈子与杵子

图2-31　泥壁

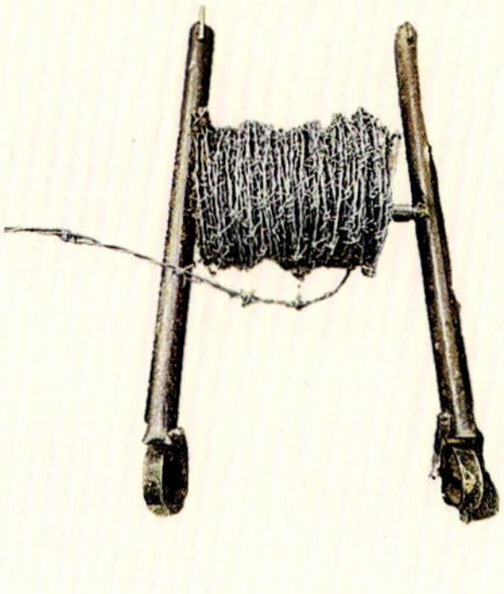

图2-32　线圈架

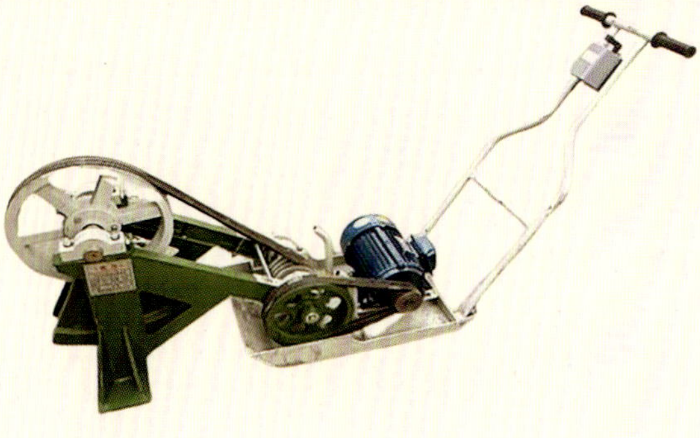

图2-33　夯机

第二节　有关中药材生产的生活器具

1. 火镰

火镰（图2-34），用于取火。其下部称为火钢，被打造成弯弯的镰刀形，上部皮革镶嵌在钢条内制成小包，小包内可装火石、艾绒或菊科植物火绒草揉成的绒。

2. 蓑衣

蓑衣（图2-35），用草或棕纤维编织而成，穿在身上用以遮雨。用棕纤维制作的也称为棕衣。

图2-34　火镰

图2-35　蓑衣

3. 草帽

草帽（图2-36），是一种防晒防雨用具，用草、麦秸等物编织而成。

4. 灯具

灯具，如马灯和手电筒（图2-37），是照明用具。在销售旺季，药农为了抢农时，通常白天在地里起苗和移栽，夜里用灯光照明加工种苗，或在种子种苗市场交易。

5. 油笼

油笼（图2-38），用于盛装食用油，用竹篾或藤条编织而成，内衬防漏层。

6. 箩、箩面架

箩、箩面架（图2-39），用于将麸皮和面粉分离。使用时，先将石磨粉碎的面粉倒进箩中，后将其放在箩面架上来回推拉，便可使麸皮和面粉分离。

7. 漏勺

漏勺（图2-40），用于处理种子。将种子倒入水中进行水选，饱满的种子沉入水中，瘪种子漂浮在水面上，后用漏勺舀出。

图2-36　草帽

图2-37　马灯和手电筒

图2-38　油笼

图2-39　箩、箩面架

图2-40　漏勺

8. 臼

木臼（图2-41），用于捣碎物料、㧐（chuāng）粮食或种子，主要作用是破碎粮食或种子中的土块，分离皮壳等。

石臼（图2-42），大小形状多样，用于捣碎物料。

9. 笸箩

笸（pǒ）箩（图2-43），用竹篾编织而成，大小和种类多样，大多直径约1.0～1.5 m，用于晾晒药材等。

10. 茶笼

图2-44中的茶笼是用秸秆编织而成的，用于盛装馍馍、茶、碗筷等。图2-45中茶

图2-41　木臼

图2-42　石臼

图2-43　笸箩

笼是用竹篾或塑料条编织而成的，用于采收种子果实、工作场地运送茶水食物、除草时装草等。

11. 保温桶

医用保温桶（图2-46），用竹篾或藤编织而成。使用时，需先把要保温的壶放在桶里，然后在壶和桶之间的空隙处垫上棉花碎布等物品，使壶保温。

12. 竹盘

竹盘（图2-47），其大小和编织方式多样，主要用于粮食加工、盛食品或晾晒食品等。

图2-44　茶笼（一）

图2-45　茶笼（二）

图2-46　医用保温桶

图2-47　竹盘

13. 罐

罐，有瓷罐、陶罐（图2-48），用于储存油、种子等。

14. 撮斗

撮（cuō）斗（图2-49），用于撮取种子、肥料等。

15. 桶

桶（图2-50），由木板制成，用于盛水、淘洗种子等。

水桶和扁担（图2-51），用于挑水，如中药材生产中遇到干旱时可用于浇水点播、补灌等。

16. 勺

木勺（图2-52），用于舀水或取种子等。

17. 锃子

锃（zèng）子（图2-53），是一种酿酒用具。

18. 蒸酒炉

蒸酒炉（图2-54），用于蒸馏制酒。

19. 蒸笼

蒸笼（图2-55），用于蒸食品或药材，如蒸天麻等。

20. 石磨

石磨（图2-56），用于磨面粉。用花岗岩等石材雕琢而成，上下两片磨扇，中间装有轴，上磨扇开两个孔，用于下粮食。一个偏小的孔靠近中间，用于磨细面；一个稍大的孔靠外边用于磨粗面；两个磨扇上雕有反向的放射状齿沟，用于面粉向外推移；磨盘底下平台或木箱用于收集面粉。

图2-48　瓷罐、陶罐

图2-49　撮斗

图2-50　桶

图2-51　水桶和扁担

图2-52　木勺

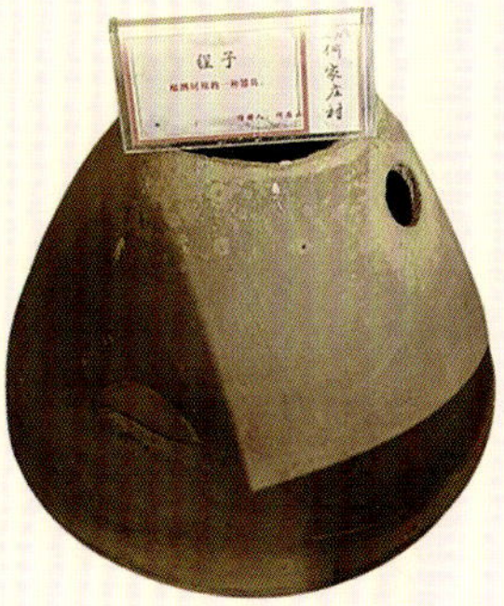

图2-53　锃子

图2-54　蒸酒炉

图2-55　蒸笼

图2-56　石磨

21. 碾子

碾子（图2-57），用于碾米，也可用于碾压黄芪、甘草、苦参等种子，使种皮损伤，提高出苗率。

22. 蜂巢

蜂巢（图2-58），用于养蜜蜂。制作蜂巢的方法：将原木切段，从中间锯开，掏空内部形成空腔，一侧中间留小孔便于蜜蜂进出。制作好后，将蜂巢放在山野树上或悬崖下，既可等待野蜂进入，也可将新分群的蜜蜂装入。蜜满巢（图2-59）后，找到蜂王，将蜂王移到新巢，用烟熏赶走所有蜜蜂让其迁移到新巢后采蜜。

23. 板凳

板凳（图2-60），用于中药材加工、木器加工时放置物料。

24. 铡刀

铡刀（图2-61），用于切碎秸秆，也可用于切除柴胡、黄芪等药材的茎秆。

图2-57　碾子

图2-58　蜂巢

图2-59　满蜜蜂巢

图2-60　板凳

图2-61　铡刀

第三节　运输器具

一、背驮器具

1. 鞍

鞍是驮、乘用具。图2-62中的鞍是牲口背部承重的用具，用于中药材采收后将其驮运至加工场地。使用时，先在牲口背上垫小毛毡，再将鞍用肚带从牲口腹部进行上下固定，后用绳索从脖下拉紧防止鞍后移，用绳索连接纣棍从尾下固定防前移。图2-63中的鞍是乘用器具。

2. 背垫

背垫（图2-64），用皮毛制成。使用时，用系带绑在背部，用来垫衬保护背部。

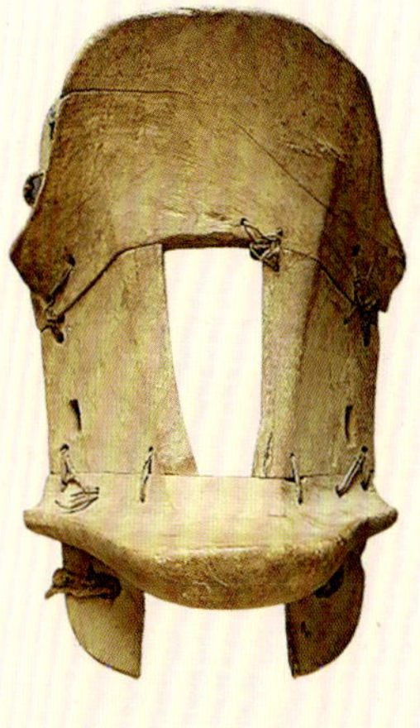

图2-63　鞍（二）

图2-64　背垫

图2-62　鞍（一）

3. 背架

背架（图2-65），使用时先将东西置于背架上，再连同背架一体背起，需要休息时，将背架立地面以承重。

4. 背篓

背篓（背篼）（图2-66、图2-67），用竹篾编织而成，用于背药材等。图2-68所示为驮篓。

5. 罨子

罨（yǎn）子（图2-69），是竹篾编织而成的筐子，拴上绳子或安装藤索竹板等以扁担挑起，用于装载、担运药材。

图2-65　背架

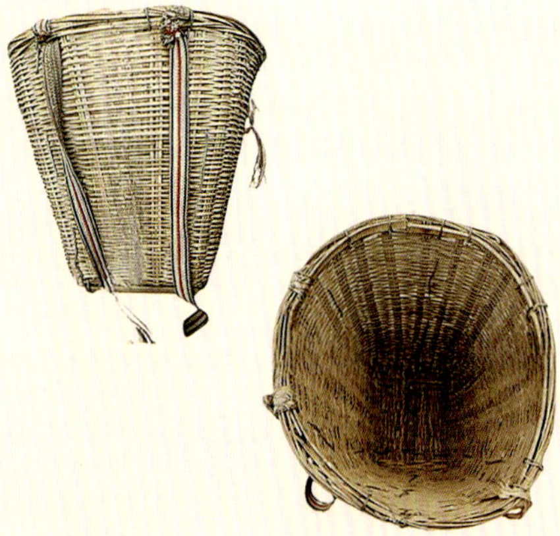

图2-66　背篓（背篼）（一）

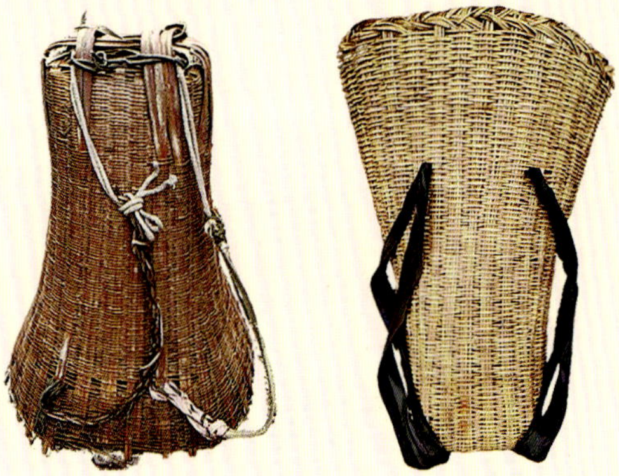

图2-67　背篓（背篼）（二）

图2-68　驮篓

二、车

1. 架子车

架子车（图2–70），用于拉运中药材等。其车架由竹木材料制成，安有橡胶轮胎，轮胎配有钢珠轴承，轮子直径较小，故容易陷入湿软的土壤，适宜在硬质地面拉运物料。

木轮车（图2–71），是一种古老传统的车辆，用于拉运中药材等。其木轮宽大，底盘高，遇到沟渠时通过性好，且在松软的土壤上行进不易陷入。另外，装载时可将藤条编织的护栏卡在车子前后，以增加装载量，图2–72为使用木轮车拉运大黄的情景。

图2–69　罨子

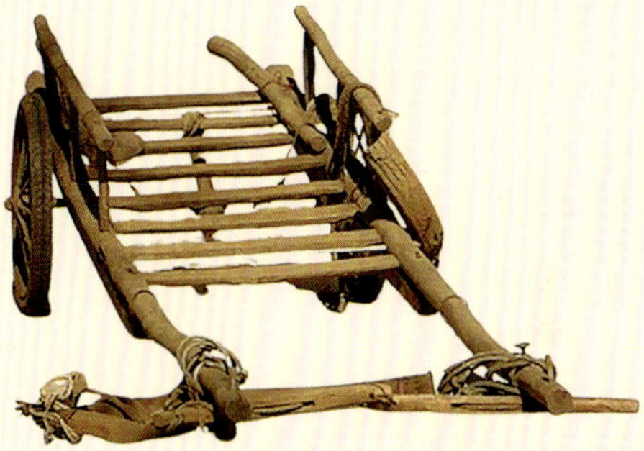

图2–70　架子车

图2–71　木轮车

图2–72　用木轮车拉运大黄

2. 托架

托架（图2-73），用于拖拉东西。

图2-73　托架

3. 农用车

农用三轮车（图2-74），用于田间运输中药材。

农用四轮车（图2-75），用于短途运输中药材。

4. 传送带

传送带（图2-76），主要用于装卸车或码垛。

图2-74　农用三轮车

图2-75　农用四轮车

图2-76　传送带

第四节　量具

一、长度量具

1. 卷尺

钢卷尺（图2–77），用于测量长度。由外壳、尺条、制动、尺钩、提带、尺簧、防摔保护套和贴标8个部件构成。

皮尺（图2–78），用漆布等做成，用于测量长度。

2. 直尺

直尺（图2–79），用于测量长度。

3. 测绳

测绳（图2–80），是测量长度的绳子。一般采用钢丝及麻绳作内芯，以减少因弹性引起的误差，有编织和绞制外层，且按米标有刻度。

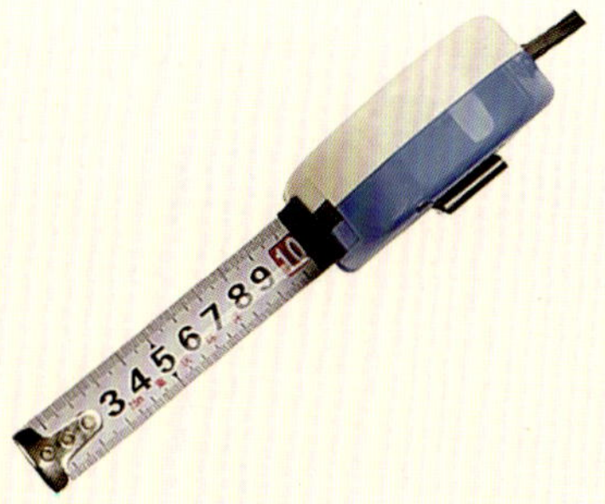

图2–77　钢卷尺

图2–78　皮尺

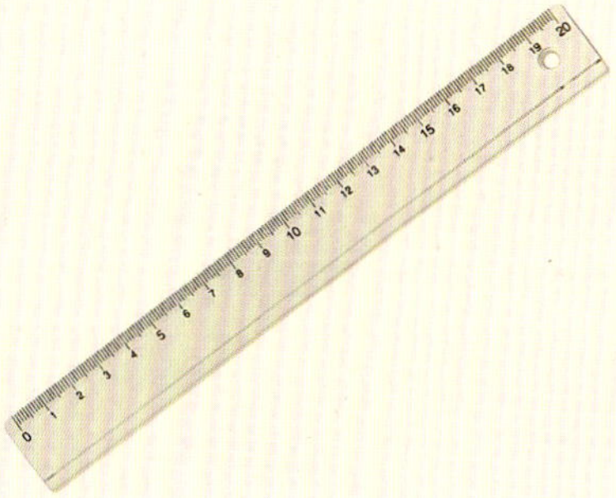

图2–79　直尺

图2–80　测绳

二、角度量具

1. 板尺

板尺（图2-81），是一种加工木器时测量角度的工具。

2. 方尺

方尺（图2-82），是一种加工木器时测量直角的工具。

三、计算器具

1. 算盘

算盘（图2-83），用于交易时算账。

2. 计算器

计算器（图2-84），用于交易时算账。

四、体积容积量具

1. 升

升（图2-85），是一种粮食或种子量具，禾谷类1升为7.5 kg左右，豆类1升为8 kg。

2. 斗

斗（图2-86），是一种粮食或种子量具，10升为1斗，1斗通常为75 kg，10斗为1石。

五、重量量具

1. 秤

杆秤（图2-87），是利用杠杆原理来称重量的简易衡器。由木制的带有秤星的秤杆、秤砣、提纽等组成。

2. 戥子

戥（děng）子（图2-88），是用小铜点作刻度标记的微型秤。用来称贵重物品，如金、银、中药饮片等。

3. 电子台秤

电子台秤（图2-89），是一种利用电子应变元件受力形变原理，输出微小的模拟电信号，模拟电信号通过信号电缆传送给称重显示仪表，进行称重操作和显示称量结果的称重器具。

图2–81　板尺

图2–82　方尺

图2–83　算盘

图2–84　计算器

图2–85　升

图2–86　斗

图2–87　杆秤

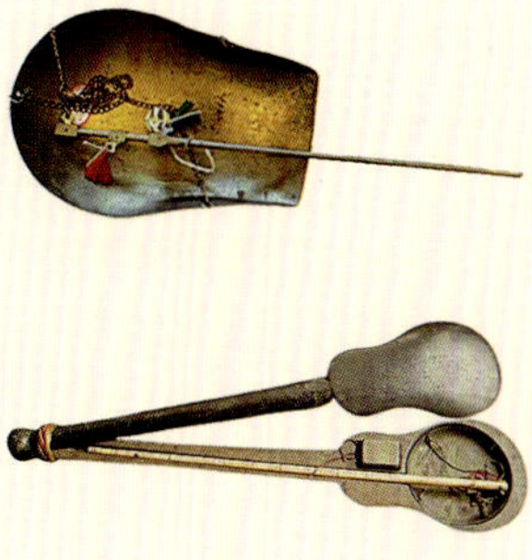

图2–88　戥子

图2–89　电子台秤

六、温湿度量具

温湿度计（图2-90），用来测定环境的温度及湿度。

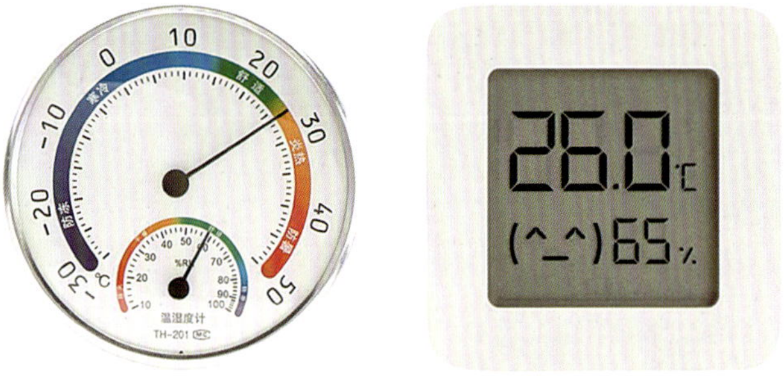

图2-90　温湿度计

第三章
土壤耕作器具

第一节　土壤基本耕作器具

一、翻耕器具

1. 传统犁

短壁犁（图3-1），犁壁长约15 cm，耕翻深度约12 cm，耕翻较浅可避免土壤水分蒸发过多，一头牛或单匹骡马可以牵引，如图3-2。此类犁具较为轻巧，有时也可用于人力翻地或播种，适合在甘肃中部黄土高原半干旱区使用。

图3-1　短壁犁

图3-2　犁地

长壁犁（图3-3），犁壁长约30 cm，耕翻深度约18 cm，适宜根系较深的中药材播前整地。一对牛（多为犏牛）或一对骡子可以牵引，适合在甘肃西南部高寒阴湿地区及陇南亚热带地区使用。图3-4所示犁，犁壁长约40 cm，较宽，用铁皮包护犁壁以减少磨损，耕翻深度约20 cm，一对牛（多为犏牛）可以牵引，适合在甘肃西南高寒阴湿地区使用。图3-5所示犁，犁壁长约50 cm，耕翻深度达25 cm以上，一对犏牛可以牵引，适合在甘肃西南高寒阴湿地区使用，主要用于深根性药用植物当归、党参、黄芪等的种植。此外，秋季连阴雨土壤水分超过饱和含水量时，此类犁铧耕翻较深有利于减少作物的根腐病。长壁犁还有其他类型，如图3-6、图3-7、图3-8、图3-9等。

图3-3　长壁犁

图3-4　犁（一）

图3-5　犁（二）

厚壁犁（图3-10），犁壁较厚，耕翻深度约14 cm，适合在河谷地带土层较薄的冲积沉积川台地使用，翻土的疏松效果好，且不会翻出下层石砾。

步犁（图3-11），铧后部有曲面犁壁，完全翻垡，转向时可以翻转。耕翻深度为14～16 cm。

2. 轭

单轭（è），是一种木质硬轭，用于一头牛犁地，如图3-12、图3-13。

图3-6　犁（三）

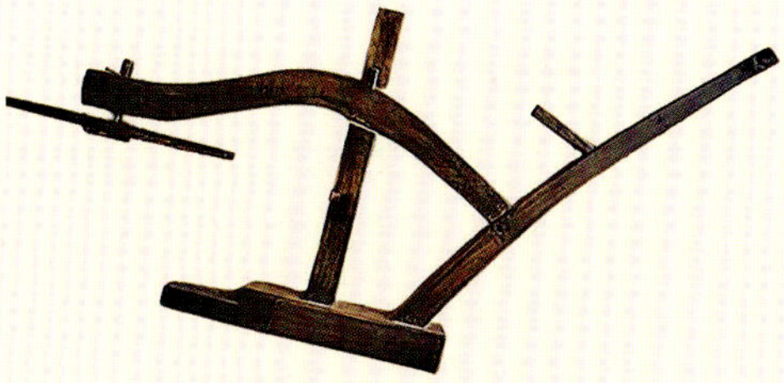

图3-7　犁（四）

图3-8　犁铧

图3-9　各种犁

图3-10　犁（五）

图3-11　步犁

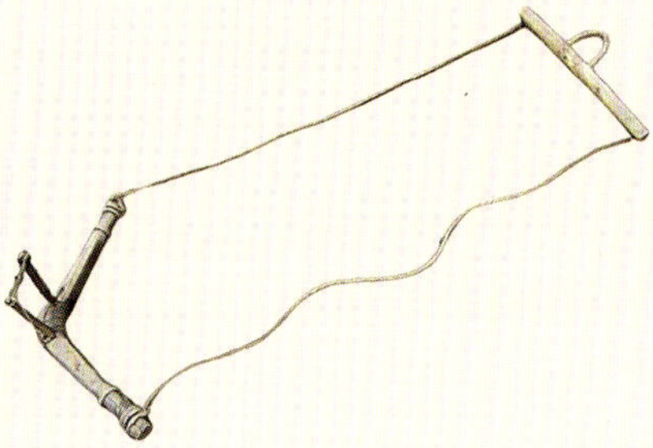

图3-12　单轭（一）

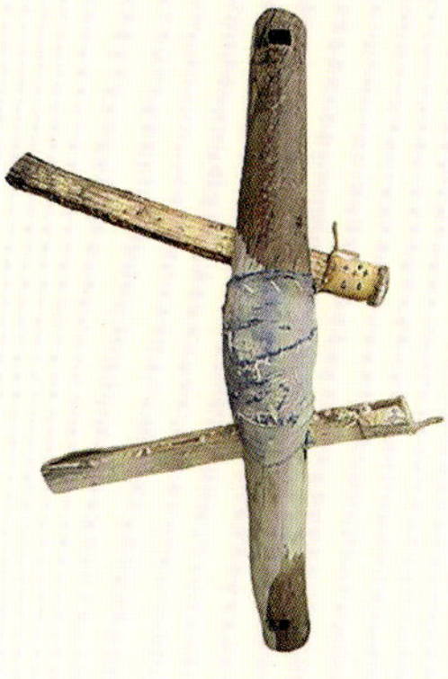

图3-13　单轭（二）

双轭，是一种木质硬轭，用于一对牛犁地，如图3−14、图3−15、图3−16。

软轭（软套）（图3−17），戴在牲口脖颈部奴桁上的夹子，两端用木棒制成，木棒上打孔穿入绳索，后端连接需要牵引的农具。适合用于驴、骡、马等单蹄牲口。

3. 笼头、断奶撑、笼嘴

笼头（图3−18），是戴在牲口头部便于役用的工具。用绳子或皮革做成，可以系上有绳索的鼻羁和脖套，连接缰绳，有的并挂嚼子，戴在驴、骡、马头上。

断奶撑（图3−19），将其戴在正在断奶的幼畜头上，可防止幼畜打扰正在犁地作业

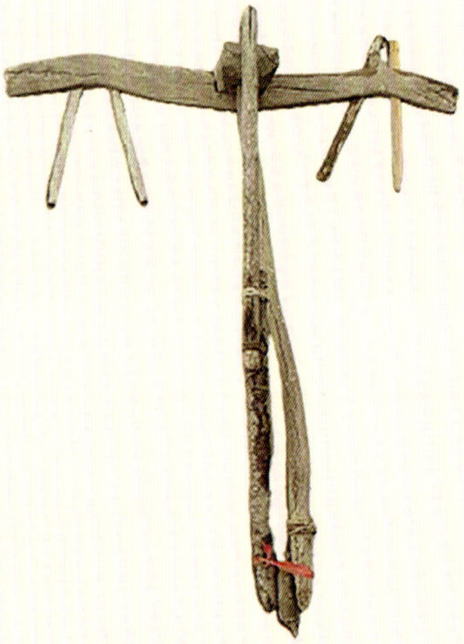

图3−14　双轭（一）

图3−15　双轭（二）

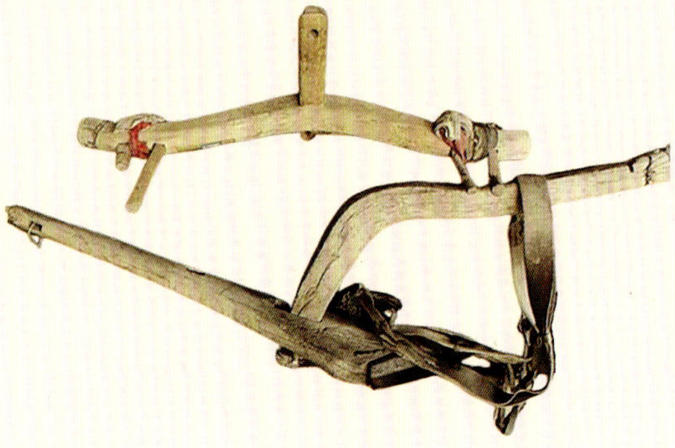

图3−16　硬轭

图3−17　软轭（软套）

的母畜，使幼畜尽快断奶。

笼嘴（图3-20），将其戴在正在役用的牲口嘴上，以防牲口随处吃草耽误作业。

4. 奴桁

奴桁（héng）（图3-21），其内置毛、麻、棕毛等柔软材料，外包由熟皮料缝制而成，接触牲口皮肤的内面一般缝有棉布衬垫。将其戴在驴、骡、马等牲口的脖颈部，使轭具受力均匀，避免牲口皮毛受伤。

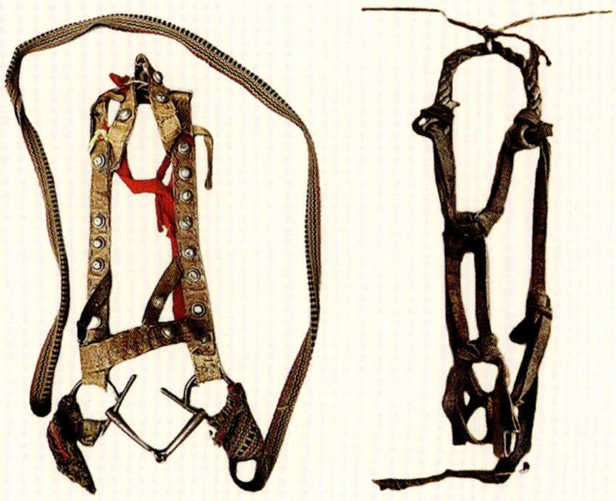

图3-18　笼头

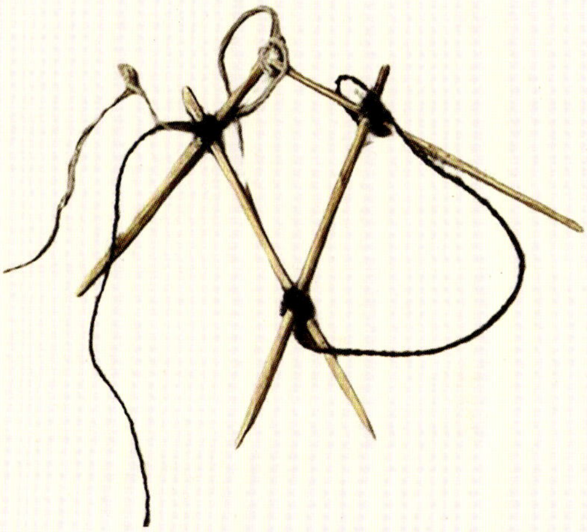

图3-19　断奶撑

图3-20　笼嘴

图3-21　奴桁

5. 微耕机

微耕机翻耕场景（图3–22）。

图3–22　微耕机翻耕

6. 翻转犁

翻转犁（图3–23），大小样式多样，深翻可达20～40 cm。作业时，刃部切割土垡，顺犁壁使其扭转，使土垡完全翻转、上下层换位，在机械切割挤压作用下，大量昆虫被杀灭，同时切割翻晒过程可消灭杂草。另外，根据牵引动力可以调整犁深和配置铧的数目。图3–24为翻转犁深翻耕土壤的作业场景图。

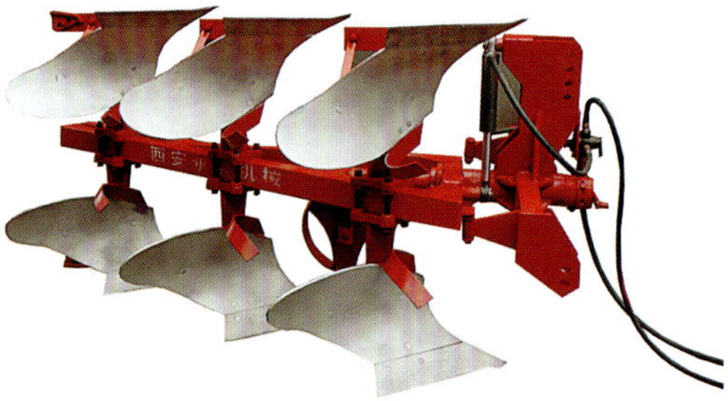

图3–23　翻转犁（一）

图3–24　翻转犁（二）

二、深松耕器具

1. 深松凿

深松凿（图3–25），作业时随牵引力前行割破犁底层，凿后带有直径3 cm、长度约15 cm的圆柱形铁棒，深松时铁棒可在土壤中形成空洞，以防土壤积水时缺氧。

2. 深松犁

深松犁（图3–26），该犁具为一长方形框，下面入土刃部是一平板，有朝下的切入角度，便于入土；刃后部有钢筋尾翼，机具前进时将土壤切割并抬动，经过尾翼后落下，有一定的碎土作用，可使犁底层产生大量裂缝，达到深松通气的目的。

图3-25　深松凿

图3-26　深松犁

3. 深松机

深松机（图3-27），可安装多个深松铲，深松行距和深度可调，作业时通过切割和抬动作用松土。图3-28所示深松铲后部安装带短齿的碎土棒。

4. 深松旋耕一体机

图3-29为深松旋耕一体机。图3-30为各类型深松机和拖拉机。

图3-27　深松机

图3-28　深松铲

图3-29　驱动耙（深松旋耕一体机）

图3-30　各类型深松机和拖拉机

三、旋耕器具

1. 小型旋耕机

图3-31为微耕机带动旋耕机。

图3-31　微耕机带动旋耕机

2. 普通旋耕机

图3-32为普通旋耕机。

图3-32　普通旋耕机

3. 1GKN-250型联合整地机

1GKN-250型联合整地机（图3-33），作业效率为0.5 hm^2/h。可深松旋耕、打破犁底层、改善土壤结构、提高土壤蓄水保墒能力，也可灭草、平地。

图3-33　1GKN-250型联合整地机

4. 旋耕铺膜一体机

旋耕铺膜一体机（图3–34、图3–35），旋耕的同时可以铺膜，以减少跑墒。

图3–34　旋耕铺膜一体机（一）

图3–35　旋耕铺膜一体机（二）

第二节　表土耕作器具

一、耙地器具

1. 木耙

木耙（图3–36、图3–37），多为长方形，装有多个木齿或铁齿。图3–38为三角木耙，共有17个木齿。

图3-36　木耙（一）

图3-37　木耙（二）

图3-38　三角木耙

2.钉齿耙

钉齿耙（图3-39），宽约40 cm，钉齿长约5～8 cm，可用于表层碎土松土、播种覆土或出苗前破除板结，以及耙出土壤中的石砾等。图3-40所示耙可用于平地、碎土、破除板结。

图3-39 钉齿耙

图3-40 耙

3. 圆盘耙

圆盘耙（图3-41），其上安装不同角度的圆盘，通过旋转切割作用灭茬碎土平土。

4. DM3000驱动耙

DM3000驱动耙（图3-42），作业效率为2～2.3 hm^2/h。主要作用是打破犁底层，镇压表土，提高土壤蓄水保墒能力。

图3-41 圆盘耙

图3-42 DM3000驱动耙

二、耱地器具

1. 金属耱

金属耱（mò）（图3-43），用金属制作而成，宽约40 cm，长约2 m。可用来平土碎土。

图3-43　金属耱

2. 藤条耱

藤条耱（图3-44、图3-45），用藤条编制而成，宽约40 cm，长约1.7 m。有良好的平土碎土保墒作用。图3-46和图3-47为使用藤条耱耱地场景。

图3-44　藤条耱（一）

图3-45　藤条耱（二）

图3-46　耱地（一）

图3-47　耱地（二）

3. 梯形耱

梯形耱（图3–48），用藤条编织而成，长宽约1 m。耱齿比较长，碎土效果好，其上可以架片状石头或塑料袋中装入适量土壤增强碎土镇压作用。

4. 扇形耱

扇形耱（图3–49），用藤条编织而成，藤条长约1.2 m，宽约1.4 m。具有较好的碎土平土效果，在土块较硬或需要镇压时，其上可以架片状石头或塑料袋中装入适量土壤，以增强碎土镇压作用。

图3–48　梯形耱

图3–49　扇形耱

三、镇压器具

1. 枹子

枹子（图3–50），用于敲碎农田土壤中的胡垍（jì），起到平土碎土耙耱镇压作用。

图3–50　枹子

2. 石磙

石磙（gǔn）（图3–51），用于镇压土壤，起到碎土平土保墒作用。图3–52所示的石磙装有轴，周围雕有沟槽，可更好地镇压土壤。图3–53为镇压器，由石头雕琢而成，直径约20 cm，长约1.2 m，能起到碎土平土镇压作用。图3–54所示的石磙，可作镇压器，由石头雕琢而成，直径约23 cm，长约80 cm，表面雕出凹槽，以增强碎土作用。图3–55所示的石磙，可作镇压器，由石头雕琢而成，直径约30 cm，长约50 cm，表面雕出凹槽以增强碎土作用。

图3–51　石磙（一）

图3–52　石磙（二）

图3–53　镇压器

图3–54　石磙（三）

图3–55　石磙（四）

四、起垄器具

1. 起垄机

图3–56为起垄机作业图。

图3–56　起垄机

2. 起垄移栽机

图3–57为使用起垄移栽机进行大黄机械起垄移栽。

图3–57　起垄移栽机

3. 垄沟覆膜机

垄沟覆膜机（图3–58），用于开沟起垄、喷药、覆膜、覆土等作业。

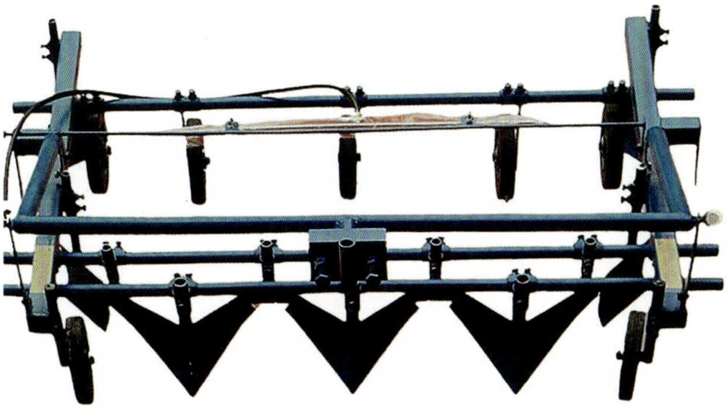

图3–58　垄沟覆膜机

五、中耕培土除草器具

1. 锄

锄头（图3-59），刃部宽15～25 cm，鹅颈柄用来安装木把。可用于中耕、除草、培土。

2. 镢头

镢（jué）头（图3-60），刃部宽8～12 cm，顶部圆孔可安装木把，木把长约160 cm。用于采挖、中耕、除草。

3. 双刃锄

双刃锄（图3-61），两头有刃：一头宽约15 cm，用于较宽的行间除草、培土、松土，有的在锄面上开孔，除草时土壤从孔中穿过，以减轻阻力、提高工效；另一头较小，宽约4～6 cm，便于行内除草。

图3-59　锄头

图3-60　镢头

图3-61　双刃锄

4. 抄砂器

抄砂器（图3-62），用于砂田播前松砂。

图3-62　抄砂器

5. 自走式履带多功能机

自走式履带多功能机（图3-63），可进行深松、旋耕、起垄、开沟、施肥、覆土、除草、洒药等多功能作业，同时可实现全遥控自动操作兼手动操作。

图3-63　自走式履带多功能机

6. 11MFJS-400型耙齿式残留地膜清理机

11MFJS-400型耙齿式残留地膜清理机（图3-64），前有小铧，可将地膜犁出，后有圆弧形钢筋构成的耙，可将地膜耙出。

图3-64 11MFJS-400型耙齿式残留地膜清理机

7. 11MFJ-125型双升运链卷轴自卸式废膜捡拾机

图3-65所示为11MFJ-125型双升运链卷轴自卸式废膜捡拾机。

图3-65 11MFJ-125型双升运链卷轴自卸式废膜捡拾机

第四章
繁殖与良种繁育器具

第一节　繁殖工具

一、种子种苗生产工器具

1. 网袋

网袋（图 4-1），用尼龙纱网制成，大小根据花穗长度而定，主要作用是防止昆虫传粉。

图 4-1　网袋

2. 藤架、网架

藤架（图4–2），用木椽、水泥桩作支架，用铅丝等材料系挂塑料片即可。主要用于藤本植物（如党参）的种植，可增加光照，提高种子产量和质量。

网架（图4–3），可帮助党参藤攀爬生长，减轻遮阴，提高光合效率。

图4–2　藤架

图4–3　网架

3. 刃镰

刃镰（图4-4），木质撑架上安装有刀刃，可用于割取果穗采收种子。

4. 镰刀

镰刀（图4-5），大小形状多样，用于割取果穗采收种子。图4-6所示为长把镰刀，木把长达170 cm，可用于站着收割种子、草等。图4-7中所示的各类镰刀，用于割取果穗采收种子、割去抽薹株、除草等。

5. 砍刀

砍刀（图4-8），用于砍去木本药材或粗大的茎枝，也可砍大黄茎秆等。

6. 扒

木扒（pā）（图4-9），由木条或木板做成。用于脱粒场地扒出秸秆，漏下种子和体积较小的渣子。

图4-4　刃镰

图4-5　镰刀

图4-6　长把镰刀

图4-7　各类镰刀

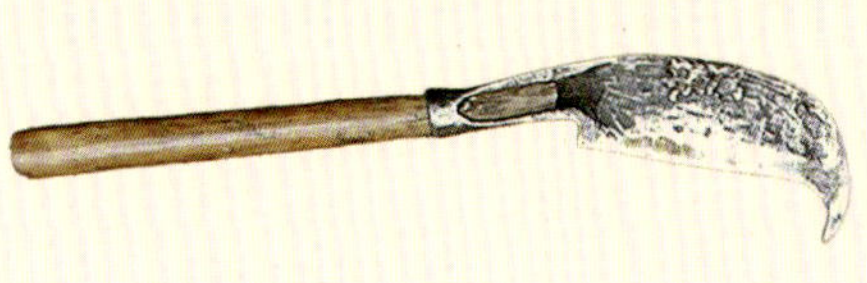

图4-8　砍刀

图4-9　木扒

7. 推耙

推板（图4-10），用于脱粒场地将种子等物料推聚到一起，下雪天可用于清雪。

8. 垉子

垉子（图4-11），用于晾晒种子时划动翻搅，或砸细物料。

9. 碌碡

碌碡（图4-12），用花岗岩等石材雕刻而成，通常直径40～60 cm，长50～80 cm，表面有浅沟槽，两端中间凿孔安装轴，畜力或拖拉机牵引滚动。用于碾压脱粒。

10. 风车

风车（图4-13），其旁侧装有叶轮，叶轮旋转可产生风力。作业时，将需要清选的种子从上方倒入，颖壳和土壤等较轻的杂质从一侧吹出，种子在下方落下从出口导出。

图4-10 推耙

图4-11 垉子

图4-12 碌碡

图4-13 风车

用于种子采收后风选。

11. 鼓风机

鼓风机（图4–14），作业时用拖拉机或电动机驱动叶轮旋转产生风力，将混有杂质的种子用锨扬起，较轻的杂质吹到远端，种子就近落下，以达到风选目的。

12. 网兜

网兜（图4–15），用于装种子成熟后所收获的果穗，便于挂起来晒干或风干。

13. 晾晒架

晾晒架（图4–16），用于挂晒采收扎把的当归种子，使当归种子更快地散失水分。

14. 齿架

脱粒齿架（图4–17），脱粒时将果穗从金属齿间快速拉过，种子即被梳下掉落。

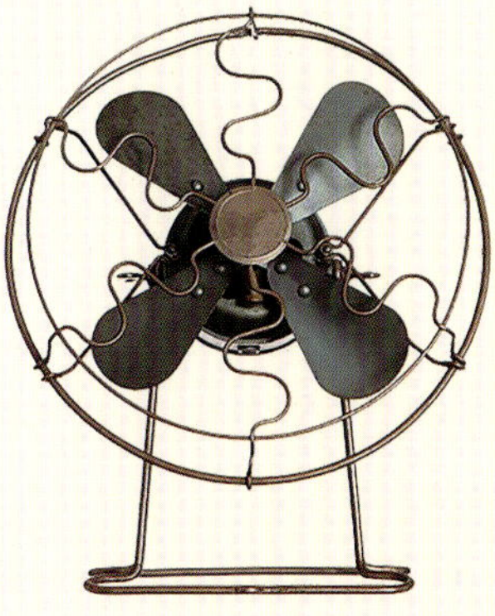

图4–14　鼓风机

图4–15　网兜

图4–16　晾晒架

图4–17　脱粒齿架

图4-18所示为木叉、连枷、木锨等脱粒工具。

15. 木掀

木锨（图4-19），由木板和木柄构成。用于脱粒时扬场，翻晒籽粒等。

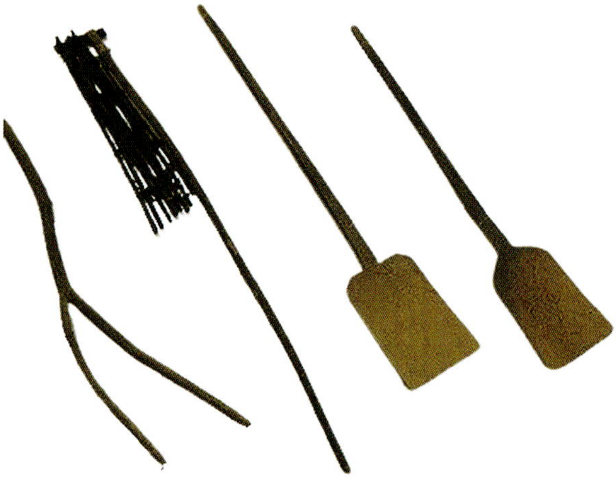

图4-18　木叉、连枷、木锨等

图4-19　木锨

16. 连枷

连枷（图4-20），用泡软的生皮条将坚韧的藤条编织在一体形成长约90 cm，宽约13 cm长方状连枷扇，末端绑扎在横轴上，木柄长约160 cm，前端卷折，刻圆形孔安装连枷扇横轴，或绑一小段木块凿孔安装连枷扇横轴。作业时，将连枷柄抬起并向下打击，连枷扇旋转拍打脱粒。用于党参、黄芪、黄芩等脱粒。

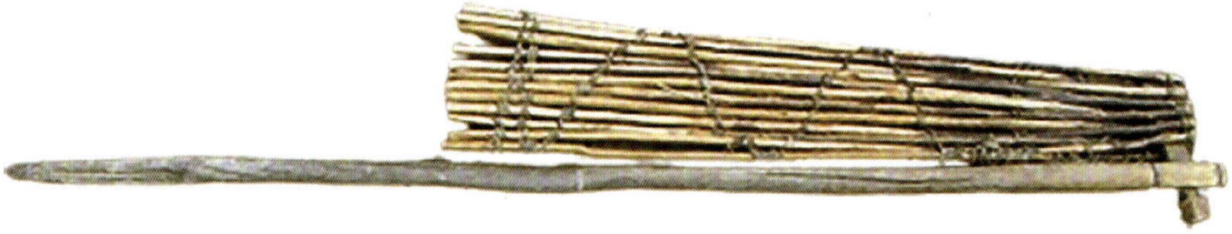

图4-20　连枷

17. 筛

粗筛（图4-21），网孔较大，用于筛去种子中的杂质或晾晒药材。细筛（图4-22），网孔较小，用于筛去粮食或种子中的杂质。铁筛（图4-23）、竹筛（图4-24）、木框筛（图4-25），均可用于种子精选。

18. 簸箕

簸箕（图4-26），用于种子除杂质加工，常用布包裹簸箕以防漏掉党参、黄芩等小粒种子。

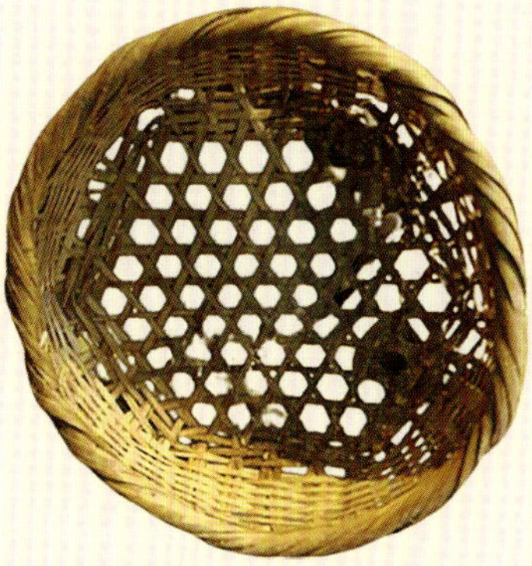

图4-21　粗筛

图4-22　细筛

图4-23　铁筛

图4-24　竹筛

图4-25　木框筛

图4-26　簸箕

19. 簸箕筛

簸箕筛（图4-27），可以同时旋筛和扇簸，将小粒种子中体积较大的杂质去掉，使种子落到筛下；或将大粒种子中细小杂质筛下，簸出较轻的杂质，使种子留在筛内。

20. 笸箩

笸箩（图4-28），盛装种子或药材后，将其置于通风场地，用于晾晒或风干。

21. 扫帚

扫帚（图4-29），用于清扫场地，也用于种子脱粒时扫出体积较大的杂质。

图4-27　簸箕筛

图4-28　笸箩

图4-29　扫帚

22. 耙子

耙子（图4-30），用于党参种子采收时耙出茎藤，或育苗时耙松土壤。

23. 碾子

碾子（图4-31），使用时将黄芪、甘草、苦参等豆科植物小粒种子铺到碾盘上，碾压数遍，使种皮部分损伤，解除因种皮致密不透水造成的休眠，以大幅提高发芽率。

24. 药碾

图4-32中左图为石药碾，右图为铁药碾。均用于碾碎中药，也可用于黄芪、甘草等种子处理，磨压使种皮损伤，以增强吸水能力。

图4-30　耙子

图4-31　碾子

图4-32　石药碾、铁药碾

25. 种子编织机

图4-33所示为数控种子编织机，使用时将种子按株距编织在绳子上，按行距将绳子拉入播种沟，以实现精量播种，提高播种效率，减少间苗环节的耗工。图4-34所示为种子净制加工。图4-35所示为板蓝根种子去果皮。

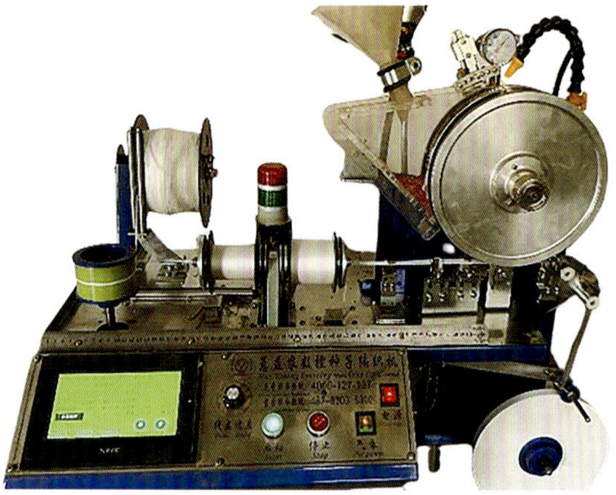

图4-33　数控种子编织机

图4-34　种子净制加工

图4-35　板蓝根种子去果皮

26. ZW-330型种子丸粒机

ZW-330型种子丸粒机（图4-36），用于将农药、肥料、生长调节剂、保水剂、增氧剂等和一些辅助材料有序分层包敷到种子上，使种子丸粒化，如图4-37为丸粒化的党参种子，图4-38为丸粒化的板蓝根种子。种子丸粒化后，便于机械化精量播种，也可提高种子的抗逆能力，达到促根壮苗的效果。

图 4-36　ZW-330 型种子丸粒机

图 4-37　丸粒化的党参种子

图 4-38　丸粒化的板蓝根种子

二、播种器具

1. 耧

耧（图4-39），用于播种。图4-40中的耧为砂田耧，用于砂田施肥、播种。图4-41为耧播场景。

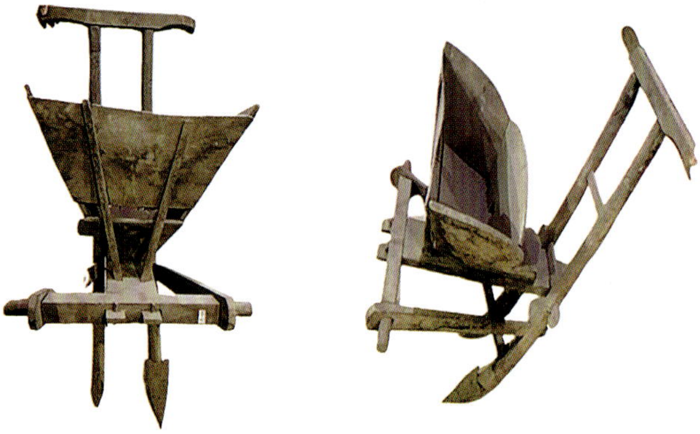

图4-39　耧

图4-40　砂田耧

图4-41　耧播

2. 圆笼耙

圆笼耙（图4-42），用于黄芪撒播后推滚使种子和表层土壤均匀混合。

3. 锯齿耙

锯齿耙（图4-43），用于播种前平地、播种后覆土。

4. 开沟耙

开沟耙，用于播种时开沟。图4-44所示为四齿开沟耙，图4-45所示为三齿开沟耙。

5. 鸭嘴播种葫芦

鸭嘴播种葫芦（图4-46），作业时将种子装入葫芦型箱体，可人力推行点播。在种

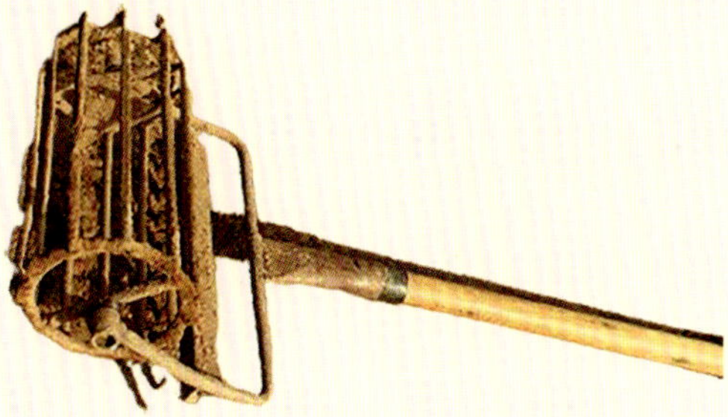

图 4-42　圆笼耙

图 4-43　锯齿耙

图 4-44　四齿开沟耙

图 4-45　三齿开沟耙

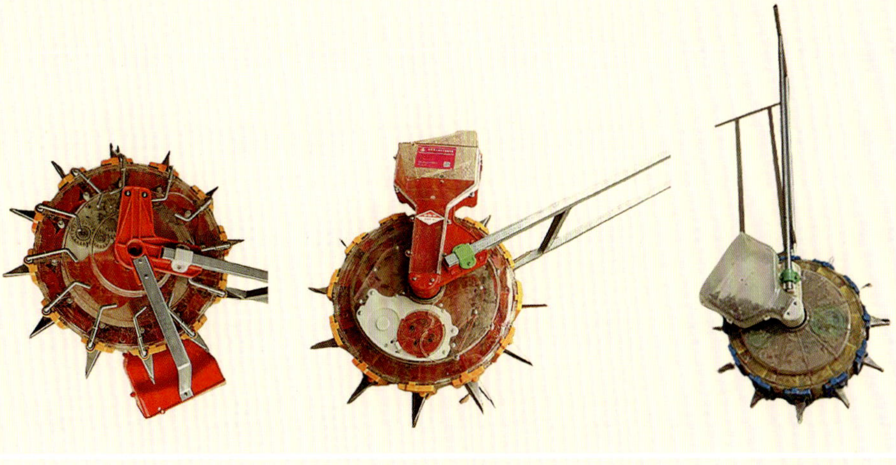

图 4-46　鸭嘴播种葫芦

子箱下部安装鸭嘴播种葫芦播量调节器（图4－47），不同粒径的种子选用不同孔径的排种盘，实现精量播种。图4－48为播种葫芦操作示范。图4－49为种子箱顶置的播种葫芦。

图4－47　鸭嘴播种葫芦播量调节器

图4－48　使用播种葫芦点播

图4－49　种子箱顶置型播种葫芦

6. 手扶半夏播种机

图4－50为使用手扶半夏播种机进行半夏播种。

图4－50　手扶半夏播种机

7. 精量播种机

精量播种机（图4-51），1次可播10行，适合密播小粒种子的精量播种。

图4-51　精量播种机

8. 种子绳播种机

种子绳播种机（图4-52），使用时将种子编织到绳索上，将绳索播种到土壤中，以实现精量播种。

图4-52　种子绳播种机

9. 覆膜播种机

覆膜播种机（图4-53），1次可播12行，可一次完成压滴灌带、覆膜、播种、覆土等工序。

10. 2MBF-6型施肥铺膜精量穴播机

图4-54为2MBF-6型施肥铺膜覆土精量穴播机，图4-55为2MBF-6型施肥铺膜覆土精量穴播机覆膜播种作业场景。

图4-53　播种机

图4-54　2MBF-6型施肥铺膜覆土精量穴播机

图4-55　2MBF-6型施肥铺膜覆土精量穴播机覆膜播种作业

11. 2BF-8型半夏元胡播种机

2BF-8型播种机（图4-56），用于半夏、延胡索等小块茎、块根类药材播种。

图4-56　2BF-8型播种机

12. 2MBF-9型施肥铺膜覆土精量穴播机

图4-57为2MBF-9型施肥铺膜覆土精量穴播机，用于中药材育苗。图4-58覆膜播种机，可一次完成镇压、起垄、铺膜、播种、覆土等工序。出苗后，让幼苗在膜下生长一小段时间，能够有效预防早春霜冻。

图4-57　2MBF-9型中药材育苗施肥铺膜覆土精量穴播机

图4-58　覆膜播种机

13. 旋耕起垄播种机

旋耕起垄播种机（图4-59），可同时完成旋耕、起垄、播种工序。

图4-59　旋耕起垄播种机

14. 压滴灌带铺膜播种机

压滴灌带铺膜播种机（图4-60），可一次完成平土、压滴灌带、铺膜、点播、镇压等5道工序。

图4-60　压滴灌带铺膜播种机

三、覆盖遮阴器具

1. 秸秆

播种后用小麦等作物的秸秆覆盖苗床，遮阴保墒，每亩用秸秆约300 kg。图4-61为秸秆覆盖当归育苗，图4-62为牛车运输秸秆，图4-63为当归秸秆覆盖育苗基地。图4-64为党参秸秆覆盖育苗，待出苗后选阴天揭去秸秆，如果秸秆不影响幼苗生长，也可以一直覆盖直至起苗。

图4-61　秸秆覆盖当归育苗

图4-62　牛车运输秸秆

图4-63　秸秆覆盖当归育苗基地

图4-64　秸秆覆盖党参育苗

2. 遮阳网

播种后用遮光率为60%左右的遮阳网覆盖苗床，待苗高5 cm左右时选阴雨天揭掉遮阳网。图4-65为遮阳网覆盖党参育苗。

3. 黑色地膜

图4-66为黑色地膜覆盖育苗作业场景。覆膜时适当覆土以防风吹膜孔使幼苗错位，用播种葫芦穴播，可以不起垄全覆盖，也可以起垄覆盖。

图4-65　遮阳网覆盖育苗

图4-66　黑色地膜覆盖育苗

4. 细砂与地膜

图4-67为细砂覆盖黄芪育苗。在地膜上打孔播种，播种后在膜孔上覆盖3～7 mm厚的细砂，可以有效保墒防板结。图4-68为黑色地膜覆盖党参育苗作业场景。打孔播种，播后将土壤或农家肥筛于苗床。图4-69为党参苗床。

图4-67　细砂覆盖育苗

图4-68　黑色地膜覆盖育苗

图4-69　党参苗床

5. 气吸式精量穴盘播种机

气吸式精量穴盘播种机（图4–70），用于工厂化育苗，可一次完成基质混合、装盘、穴盘传送、种子吸取、点播穴盘、覆土等工序，大量减少了人工。

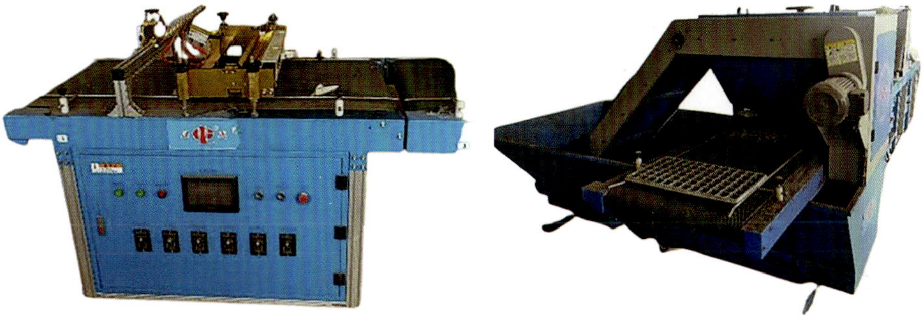

图4–70　气吸式精量穴盘播种机

6. 穴盘

穴盘（图4–71），使用时先将配好的育苗基质填充到穴盘中，后点播种子，种子出苗后进行移栽。

图4–71　穴盘

7. 工厂化育苗温室

工厂化育苗温室（图4–72），用于根系较短的药用植物育苗。

图4–72　工厂化育苗温室

8. 深穴盘

深穴盘（图4-73），其穴深达15 cm以上，用于深根性药用植物工厂化育苗，图中植物为党参苗。

图4-73 深穴盘

9. 组培罐

图4-74为组培罐育苗图。

图4-74 组培育苗

10. 防鼠盆

防鼠盆（图4-75），在中华鼢鼠危害严重的地区使用较多。种植前，先将高度30 cm左右的塑料或陶瓷花盆底部打小孔（以便根系可以通过），后埋入土壤，再将稀植药用植物栽植于花盆内，浇足水，便可以防止鼠害。图中植物为忍冬。

图4-75 防鼠盆

四、种苗采挖器具

1. 铲

铲子（图4-76），用于根系较短种苗的采收、田间除草。

2. 铁锨

铁锨（图4-77），用于根系较长种苗的采收、翻地。

3. 铁叉

铁叉（图4-78），用于采挖中药材种苗。

图4-76　铲子

图4-77　铁锨

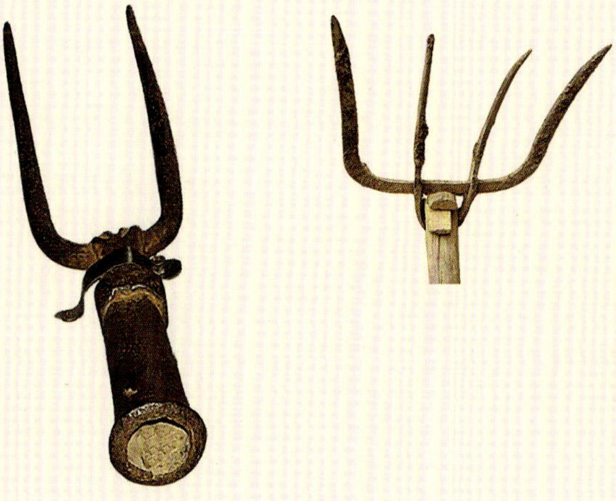

图4-78　铁叉

4. 挖药机

挖药机（图4–79），用于采挖中药材种苗。

图4–79　挖药机

五、种子品质检验工具

1. 培养皿

培养皿（图4–80），用于种子发芽试验。

2. 放大镜

放大镜（图4–81），用于观察小粒种子。

图4–80　培养皿

图4–81　放大镜

3. 药典筛

药典筛（图4–82），用于筛分不同粒径的物料、测定土壤质地或团粒结构。

4. 马弗炉

马弗炉（图4–83），用于测定种子的灰分。

图4–82　药典筛

图4–83　马弗炉

5. 电子天平

电子天平（图4–84），用于测定千粒重、杂质、水分等。

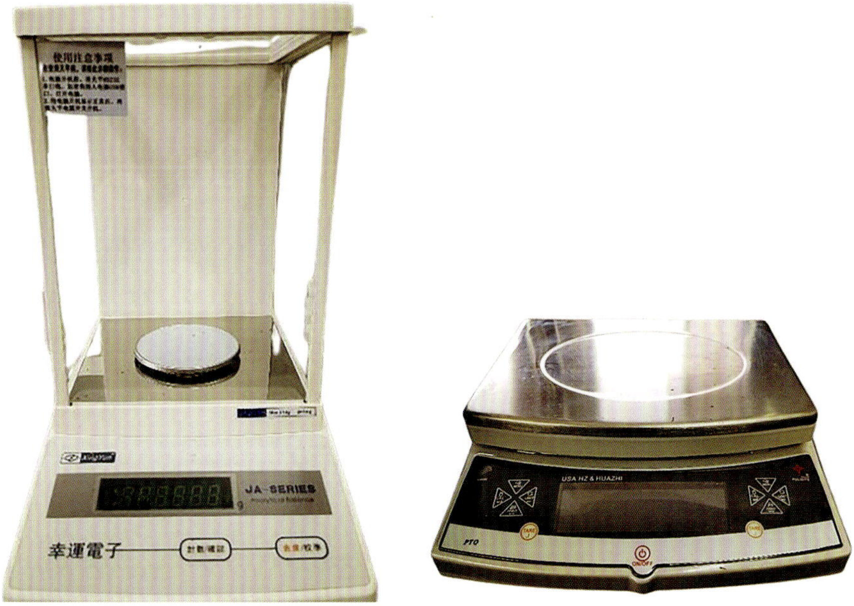

图4–84　电子天平

6. 电热鼓风干燥箱

电热鼓风干燥箱（图4−85），用于干燥植物材料。

7. 超净工作台

超净工作台（图4−86），用于组培接种。

图4−85　电热鼓风干燥箱

图4−86　超净工作台

8. 生化培养箱

生化培养箱（图4−87），用于种子发芽和幼苗培养。

9. 全自动组织切片机

全自动组织切片机（图4−88），用于切片观察种子等植物材料的剖面结构。

图4−87　生化培养箱

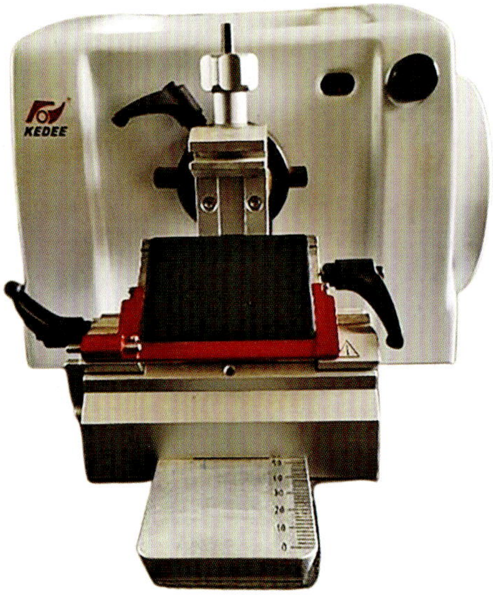

图4−88　全自动组织切片机

10. 种子低温低湿储藏柜

种子低温低湿储藏柜（图4-89），用于保存种子。

图4-89　种子低温低湿储藏柜

11. 种子脂肪测定仪

种子脂肪测定仪（图4-90），用于测定种子中的脂肪含量。

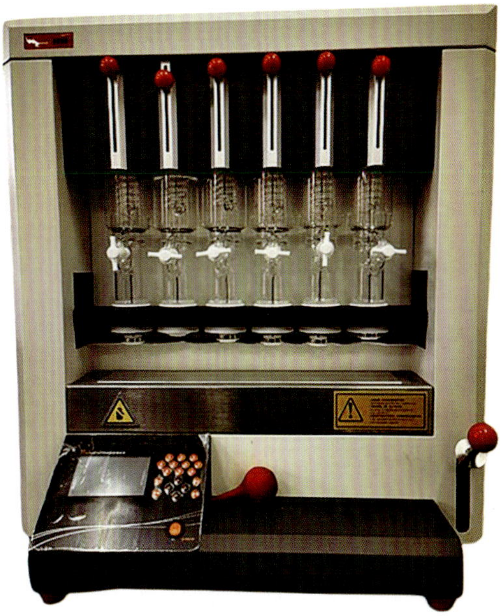

图4-90　种子脂肪测定仪

第二节　移栽器具

一、施肥器具

1. 铺粪斗

图4-91为铺粪斗，使用时将肥料装入斗中，用撮勺撒施。

2. 撮勺

撮勺（图4-92），其勺部长约20 cm，用于撮取种子和肥料，如可用于给犁沟集中施肥，或将种子混合到肥料中条播。

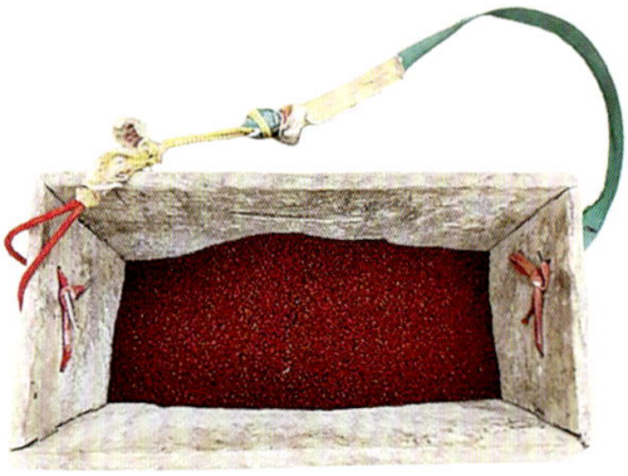

图4-91　铺粪斗

图4-92　撮勺

3. 撒肥机

撒肥机（图4-93），用于将肥料均匀撒施到地面，以旋耕入土。图4-94为HZ-2/1H型撒肥机，作业效率为1 hm^2/h，可原地旋转，用于播前撒肥。图4-95为2F-8撒肥机。

图4-93　撒肥机

图 4–94　HZ–2/1H 型撒肥机

图 4–95　2F–8 撒肥机

二、开沟器具

1. 犁

图 4–96 为一对驴拉犁开沟场景。作业时，可一边开沟，一边人工摆苗移栽。图 4–97 为骡子牵引步犁开沟，图 4–98 为犏牛牵引犁铧开沟。

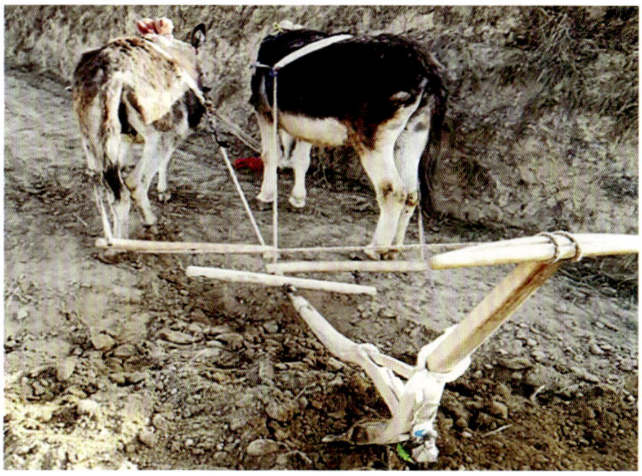

图 4–96　一对驴拉犁开沟

图4-97　骡子牵引步犁开沟

图4-98　犏牛牵引犁铧开沟

2. 手扶拖拉机

图4-99为手扶拖拉机开沟作业场景。开沟后人工摆苗，下一行开沟是为上一行覆土，以完成移栽。

图4-99　手扶拖拉机

3. 打孔机

打孔机（图4-100），用于大黄移栽挖穴。

4. 2BY-6型中药材根茎播种机

2BY-6型中药材根茎播种机（图4-101），可一次完成开沟、摆苗、覆土、镇压。

图4-100　打孔机

图4-101　2BY-6型中药材根茎播种机

三、移栽器具

1. 培养架

图4-102为菌类药材培养架。

图4-102　菌类药材培养架

2. 环锥

环锥（图4-103），用于移栽时在地膜上打孔。

图4-103　环锥

3. 铁簸箕

铁簸箕（图4-104），用于移栽时盛装种苗、种茎等，或种子加工。

图4-104　铁簸箕

4. 塑料筐

塑料筐（图4-105），用于移栽前处理种苗。

图4-105 塑料筐

5. 量杯

量杯（图4-106），用于配置农药时量取液体，或处理种苗时量取水。图4-107中人们正在进行种苗处理示范。

图4-106 量杯

图4-107 种苗处理示范

6. 地膜

露头移栽（图4-108），适合于党参、黄芪育苗。

图4-108 露头移栽

7. 平土器

平土器（图4-109），用于当归膜侧移栽平地覆土（图4-110、图4-111）。

图4-109　平土器

图4-110　当归膜侧移栽平土

图4-111　当归膜侧移栽覆土

8. 覆膜器

图4-112为使用简易覆膜器作业。

图4-112　简易覆膜器

9. 旋耕覆膜机

旋耕覆膜机（图4-113），用于移栽。

图4-113　旋耕覆膜机

10. 2BY-6型移栽机

2BY-6型移栽机（图4-114、图4-115），可完成开沟、施肥、下苗、覆土、覆盖地膜等工序。

图4-114　2BY-6型移栽机（一）

图4-115　2BY-6型移栽机作业（二）

11. 覆土露头移栽联合作业机

覆土露头移栽联合作业机（图4-116），是一种集开沟、播种、覆土、覆膜、提土镇压于一体的牵引式联合根茎类药材移栽机械，适用于党参、黄芪、黄芩等药材的移栽种植，种植时需人工辅助作业。图4-117和图4-118，均为露头移栽联合作业机，可一次完成开沟、摆苗、覆土、铺膜、压土等工序。

图4-116　覆土露头移栽联合作业机

图4-117　露头移栽联合作业机（一）

图4-118　露头移栽联合作业机（二）

12. 覆膜机

图4-119为覆膜机，移栽前需先覆膜，然后进行打孔移栽。

图4-119　覆膜机

13. 移栽机

图4-120为使用移栽机移栽黄芪。图4-121为使用移栽机移栽党参。

图4-120　移栽机（一）

图4-121　移栽机（二）

14. 覆膜移栽机

覆膜移栽机（图4-122），可一次完成开沟、摆苗、覆土、铺膜、压土等作业。因地膜上有切开的斜纹，出苗时芽子可以穿过地膜的斜纹透出地面，故无须放苗。该覆膜移栽机适合于黄芪、甘草、党参等的移栽。

15. 中药材移栽机

图4-123、图4-124均为2ZS-2型移栽机，适合于当归等药用植物的移栽。

图4-125为铺膜机和旋耕机一体化作业图，经过旋耕铺膜后方可进行种苗移栽。

图4-122　覆膜移栽机

图4-123　2ZS-2型移栽机

图4-124　移栽机

图4-125　铺膜机和旋耕机一体化作业

图4-126为露地移栽作业图，图4-127为9行移栽机作业图，图4-128为单行移栽机作业图。

图4-129为大黄移栽机作业图。此移栽机可一次完成开沟起垄、下苗、覆土等作业。

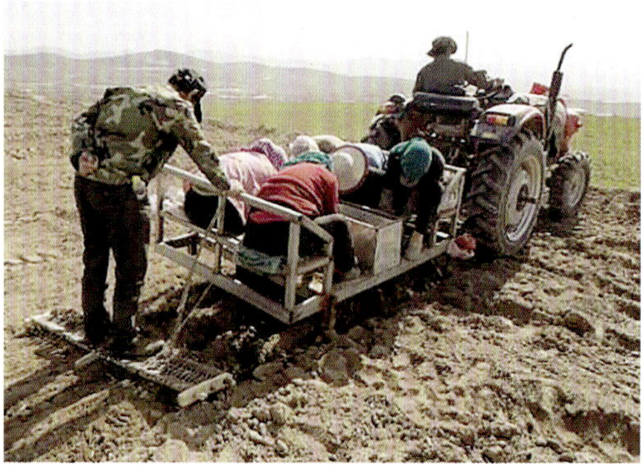

图4-126　露地移栽

图4-127　9行移栽机

图4-128　单行移栽机

图4-129　大黄移栽机

第五章
田间管理工具

第一节　中耕除草器具

一、铲

1. 线铲

线铲（图5-1），刃部长约12 cm，宽约1 cm，用于密播药用植物的行内除草、点播、间苗、地膜打孔移栽等作业。

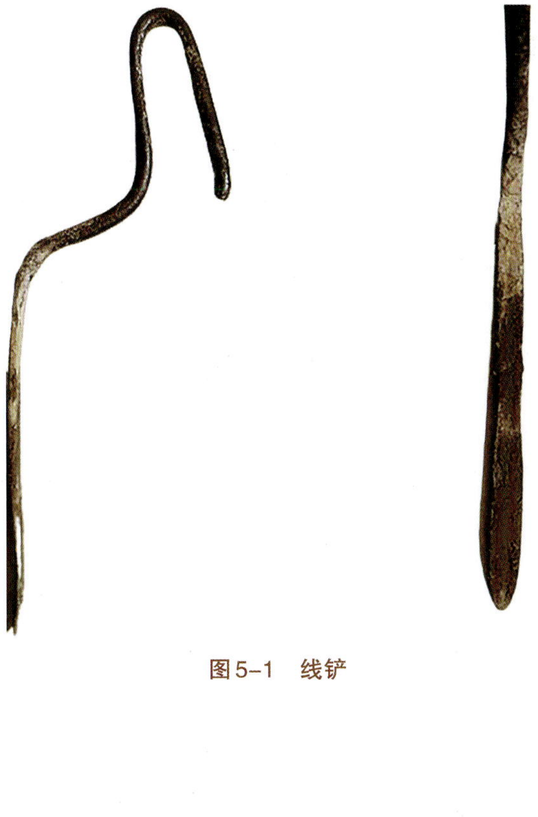

图5-1　线铲

2. 条铲

条铲（图5-2），刃部长约10 cm，宽约3.3 cm，用于密播药用植物的行内除草、间苗，如当归移栽及铲除抽薹株。

小条铲（图5-3），刃部宽约1.5 cm，用于密播药用植物的行内除草、间苗。

3. 长柄铲

长柄铲（图5-4），用于除草、松土，如铲除当归抽薹株。

二、凳

1. 马扎

木马扎（图5-5），用一整段长约40 cm的厚木板做成，两端向中间锯约15 cm，中间约10 cm长的位置用线锯拉开相间的交叉板，可以折叠交叉收放。用于田间除草时坐人，通常放在行间，以减少压苗子。

图5-2　条铲

图5-3　小条铲

图5-4　长柄铲

图5-5　木马扎

2. 塑料凳

小塑料凳（图5-6），用于田间除草时坐人，通常放在行间。

三、锄

1. 宽手锄

宽手锄（图5-7），刃部宽约20 cm，用于行间除草、松土、培土。

2. 双刃手锄

双刃手锄（图5-8），刃部长约10 cm，柄长约40 cm。用于除草、碎土、松土。

图5-9为不同刃部宽度、不同木把长度的各类手锄，主要用于除草、松土。根据不同的药用植物的行距大小，可选用不同刃部宽度的手锄。手锄通常需安装木把，小苗期选用短木把锄子坐在地里除草，能看得清晰，以免伤苗，行内的杂草用锄的一角可除掉。

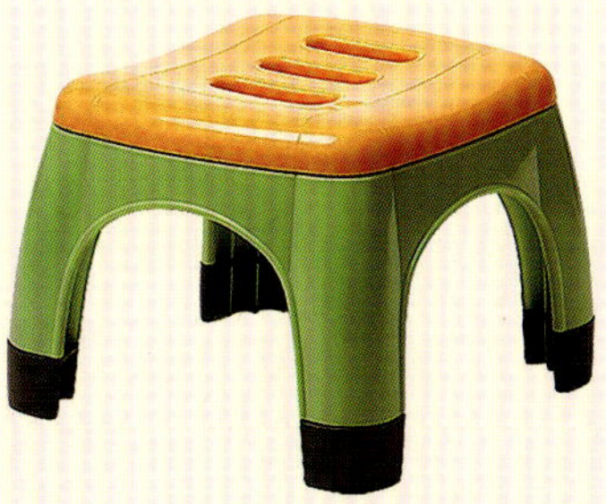

图5-6　小塑料凳

图5-7　宽手锄

图5-8　双刃手锄

图5-9　各类手锄

3. 三角手锄

三角手锄（图5-10），刃部宽约15 cm，刃部两端尖。除草时，行间用宽刃部除草速度快，行内用尖端以免伤苗。

4. 空心锄

空心锄（图5-11），刃部宽约15 cm，锄面留出空心，除草松土时土壤可穿过空心，以减少阻力，提高工效。

各类锄头（图5-12），用于除草、培土、采挖等作业。苗子长高后用长木把锄子可以站着除草，提高速度。

5. 尖刃锄

尖刃锄（图5-13），用于除草培土。

6. 多头锄

多头锄（图5-14），有三头、四头、五头等类型，用于行间松土除草。

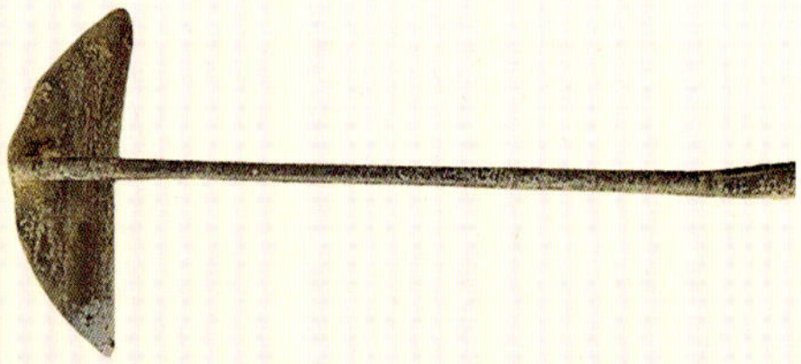

图5-10　三角手锄

图5-11　空心锄

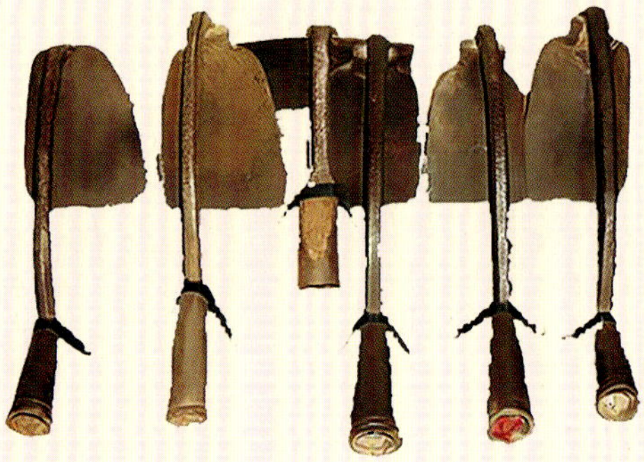

图5-12　各类锄头

图5-13　尖刃锄

四、刀、钩、剪

1. 小刀

小刀（图5–15），用于除草、割去当归抽薹株。

2. 钩

钩（图5–16），用于密播药用植物行内除草、地膜打孔移栽、地膜放苗等作业。

放苗钩（图5–17），柄长140 cm。用于地膜覆盖出苗期破膜放苗，或遇到干旱时破板结放苗。使用时，用尖端将地膜破开小孔，用半圆爪形铁钩钩住幼苗茎叶，将幼苗拉出地膜外，人可站着操作，使用起来轻松快捷。

3. 剪刀

钩剪刀（图5–18），用于打顶、除草等。

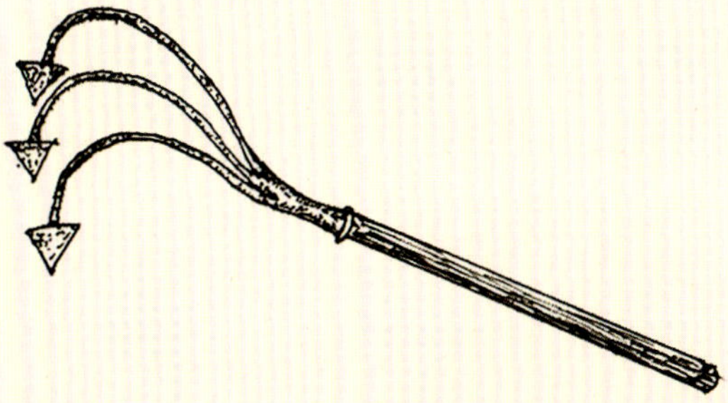

图5–14　多头锄

图5–15　小刀

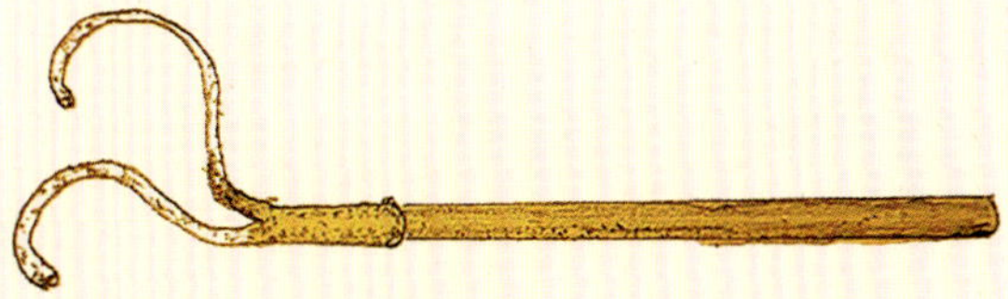

图5–16　钩

图5–17　放苗钩

图5–18　钩剪刀

五、割草机

1. 割草机

割草机（图5-19），用于割除密度较大的杂草、打顶等作业。

图5-19　割草机

2. 旋耕除草机

旋耕除草机（图5-20），用于行距较大的药用植物中耕除草。

图5-20　旋耕除草机

3. 微型灭草机

微型灭草机（图5-21），用于行距较大的药用植物中耕除草。

图5-21　微型灭草机

4. 遥控田园管理机

遥控田园管理机（图5-22），可完成旋耕、开沟、培土、除草等作业。

图5-22　遥控田园管理机

第二节　植保器具

一、病虫害防治器具

1. 背负式喷雾器

背负式喷雾器（图5-23），容积约15 L，通常作业效率为0.1 hm^2/h左右。使用时，将药剂和水兑好装入喷雾器，手摇加压进行喷雾，该喷雾器也可用于叶面施肥。

图5-23　背负式喷雾器

2. 植保无人机

植保无人机（图5-24），可用于喷施农药、叶面肥，也可利用其叶轮旋转产生的风力给风媒作物授粉。使用时，将药剂或肥料和水兑好装入无人机喷雾器，遥控喷药（图5-25），或叶面施肥（图5-26）。

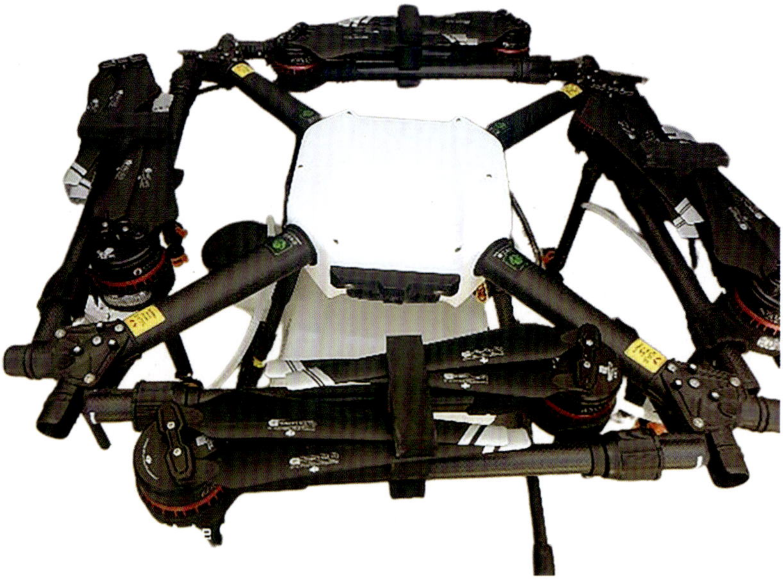

图5-24　植保无人机

图5-25　党参田无人机喷施农药

图5-26　党参田无人机喷施叶面肥

3. TEKO型喷药机

TEKO型喷药机（图5-27），作业效率为4 hm^2/h。可实现高效喷洒农药，也可喷洒叶面肥。图5-28为另一种型号的喷药机，同样用于喷洒农药或叶面肥。

图5-27　TEKO型喷药机

图5-28　喷药机

4. 太阳能杀虫灯

太阳能杀虫灯（图5-29），其工作原理是将光能储存在电池中，通过晚上发光，来捕捉趋光性昆虫。

二、鼠害防治器具

1. 橡皮弦箭

橡皮弦箭（图5-30），用橡皮拉力射箭来捕鼠。左图为安装弓箭时清理树洞的小耙子。

2. 弓箭

弓箭（图5-31），用弓的弹力射箭来捕鼠。左图的弓由坚韧的植物枝条做成，弓中

图5-29　太阳能杀虫灯

图5-30　橡皮弦箭

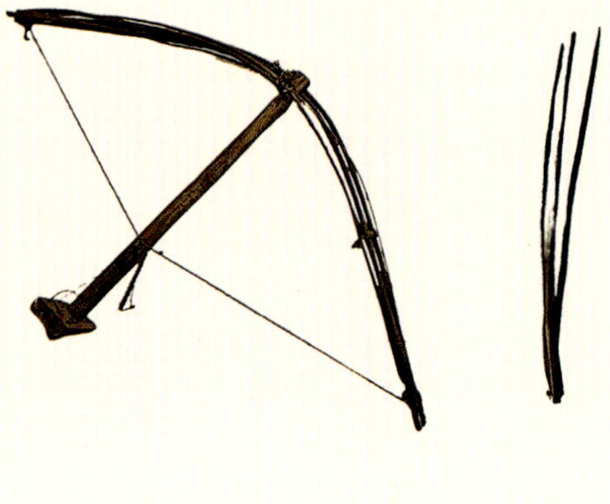

图5-31　弓箭

间较粗木棍是支撑杆，用于地面安装；右图是基部扎在一起的三支木箭。

3. 石板支架捕鼠器

石板支架捕鼠器（图5-32），主要通过石头的重量压箭，以实现捕鼠。

4. 弹簧箭捕鼠器

弹簧捕鼠器（图5-33）。安装时，将弹簧拉开，等老鼠触发洞口的触发器后，弹簧便会收缩，弹簧收缩产生拉力射箭，以实现捕鼠。

5. 捕鼠夹

图5-34为捕鼠夹。其中，左图为鼠夹子，直径约12～15 cm，中间有饵料盘；右图为探杆。使用时，用探杆找到鼠洞，将鼠夹子打开放在鼠洞中，用新鲜的苜蓿等作为饵料封严地面，老鼠经过鼠洞采食饵料时会触发开关被夹住。

图5-32　石板支架捕鼠器

图5-33　弹簧捕鼠器

图5-34　捕鼠夹

三、鸟害防器具

1. 风铃

风铃（图5-35）。制作风铃时，在一个架子上安装轴承和风向标，风向标上安装弹簧，弹簧上焊接一个容易发声的金属罐或盘，并在其正上另侧方安装一个易被风吹动的叶轮，叶轮另一端系一细绳，绳上绑10余克的小金属块（如螺母等），风吹动叶轮旋转带动小金属块敲击金属罐或盘，发出叮叮当当的声音，惊吓驱赶鸟类。

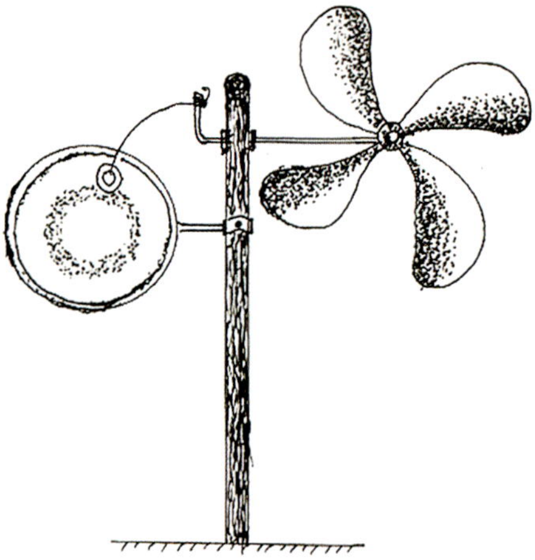

图5-35 风铃

2. 稻草人

稻草人（图5-36）。在容易受鸟害的田间，用木棍和秸秆绑扎成人形，手里系布条或绳索，布条或绳索迎风飘动，以惊吓鸟类。

图5-36 稻草人

3. 防鸟网

防鸟网（图5-37）。将网子搭在作物上方，防止鸟类啄食作物。图为枸杞防鸟网。

图5-37　枸杞防鸟网

第三节　灌溉器具

1. 拉水灌溉

育苗田拉水补灌（图5-38）。

图5-38　育苗田拉水补灌

2. 滴灌带

滴灌带（图5-39）。

图5-39　滴灌带

3. 辘轳和木桶

辘轳（lù lu）和木桶（图5-40），用于播种时或幼苗田遇到干旱时打水补灌。

图5-40　辘轳和木桶

4. 塑料管补灌

塑料管补灌作业（图5-41）。

5. 水车

水车（图5-42），工作原理是利用水流冲击水车旋转，水车上的木桶盛水上行到顶部，因水桶角度偏斜而将水倒出，水顺着导流槽进入水渠，再源源不断地流到农田，灌溉作物。

图5-41　塑料管补灌

图5-42　水车

第四节　其他田间管理器具

1. 自动施肥系统

自动施肥系统（图5-43），是一种水肥一体化设备，也属于智慧农业的一部分。经过土壤时，氮磷钾传感器能够实时监测土壤中的营养数据。当监测到土壤中所含的营养低于标准值时，系统就能够自动打开施肥系统，对作物进行自动施肥；当监测到土壤中的营养到达了规范值后，系统又会自动关闭施肥系统。在整个过程中，只要根据作物需肥规律提早设定好土壤营养的标准值，就能够实现施肥自动化控制。

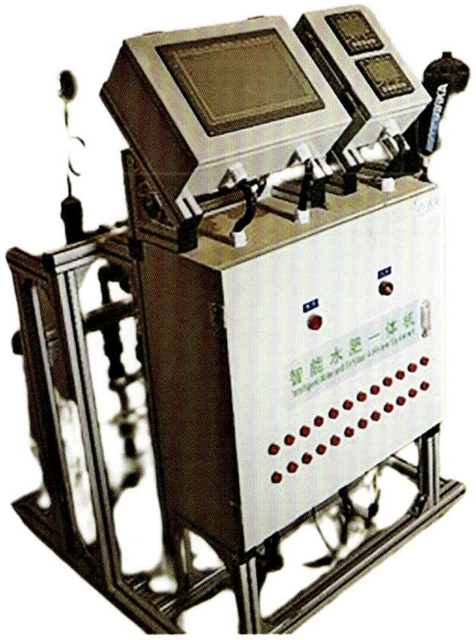

图5-43　自动施肥系统

2. 施肥器

施肥器（图5-44），用于生长期间追肥。使用时，将下端插入土壤，拉动手柄上的开关打开施肥口，肥料受重力自动流入土壤，松开手柄开关，施肥口关闭，提起施肥器便可进行下一处作物的施肥作业。

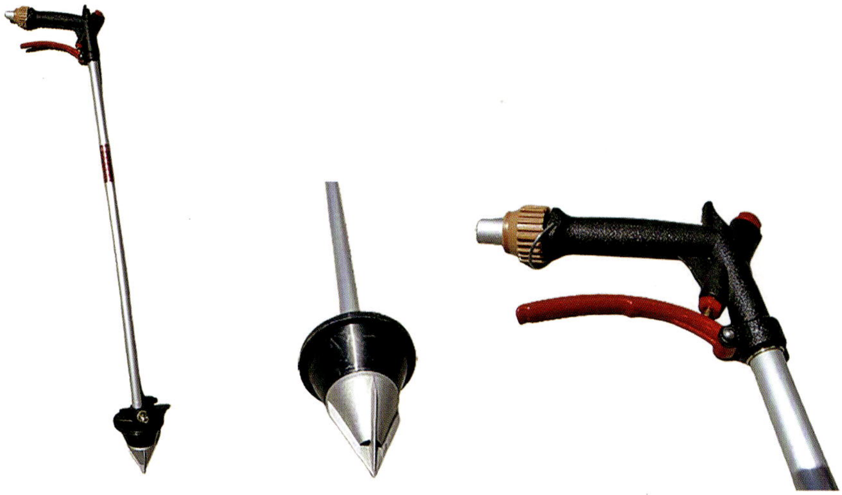

图5-44　施肥器

3. 地膜

覆地膜可使土壤保墒，图5–45为黄芪出苗后覆盖地膜保墒，图5–46为覆盖黑色地膜保墒。

图5–45　黄芪出苗后覆盖地膜保墒

图5–46　覆盖黑色地膜保墒

第六章
采收器具

第一节　深根性药材采挖器具

一、铁锨

1. 方锨

方锨（图6-1），用于翻地和采挖药材。刃部为方头，长短大小多样，装有木把，可脚踏入土中翻出药材根系。

2. 圆锨

圆锨（图6-2），长25～30 cm，宽20～26 cm，木柄长100～160 cm。

图6-1　方锨

图6-2　圆锨

二、镢头

1. 单尖镢

单尖镢（图6-3），单齿，刃部呈细条状，刃部长约27 cm，尖端不尖锐，不易切伤药材，适合采挖党参等深根性药材。

2. 双尖镢

双尖镢（图6-4），双齿，刃部呈鱼尾状，刃部长约30 cm，柄长约140 cm，易切断木质侧根，适合采挖甘草等深根性药材及木本药用植物。

3. 宽镢头

各类宽镢头（图6-5），用于挖药、中耕、除草、培土等作业。大小宽窄各异，安装木柄，便于向下向内刨挖。

4. 镢头

镢头（图6-6），刃部宽约10 cm，长约25 cm，木把长约150 cm，用于采挖深根性中药材。

图6-3　单尖镢镢

图6-4　双尖镢

图6-5　各类宽镢头

图6-6　镢头

5. 镢斧（鹤嘴）

镢斧（鹤嘴）（图6–7、图6–8），两端均有刃：一端刃尖，用于深挖紧实的土壤；另一端刃较宽，用于挖、砍。宽刃部有与柄垂直或平行两种，前者便于刨土，后者便于砍伐。

三、手锄

手锄（图6–9），利用树枝分杈处的侧枝安装金属刃，刃部长约30 cm，柄长50 cm。用于采挖中药材，使用时通常坐在地面采挖，便于捡拾。

四、洛阳铲

1. 洛阳铲

洛阳铲（图6–10），刃部为半圆形，长约30 cm，插入土壤后可以将土壤带出，用于打孔或采挖深根性中药材，如山药等。

图6–7　镢斧（鹤嘴）

图6–8　鹤嘴

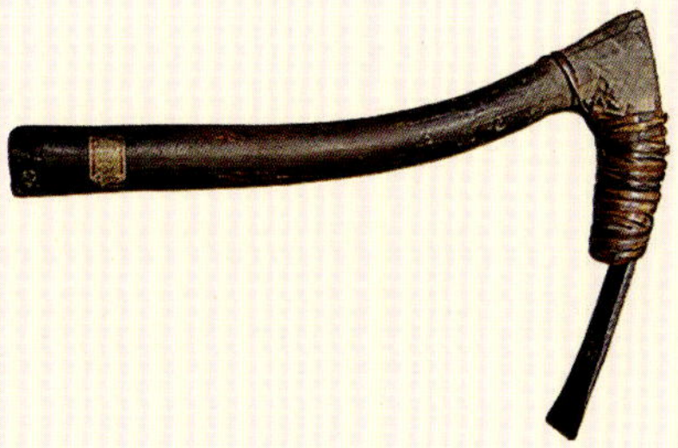

图6–9　手锄

图6–10　洛阳铲

2. 土钻

土钻（图6-11），筒部长20 cm，柄部有丁字形横管，柄上每20 cm有标记，可以确定入土深度。旋转入土，提起即可取出样品。多用于测定土壤水分。

五、叉

1. 二齿叉

二齿叉（图6-12），用于中药材采收，可避免切伤药材。

2. 三、四齿叉

三齿叉、四齿叉（图6-13），铁齿部长30～50 cm，用于采挖深根性药材。

图6-11　土钻

图6-12　二齿叉

图6-13　三齿叉、四齿叉

轻叉（图6-14），即较轻的铁叉或木叉，用于抖去根系上的泥土。

3. 小叉

小叉（图6-15），图中下面的大叉用于深挖，上面的小叉用于刨土、采挖半夏。

4. 长叉

四齿长铁叉（图6-16），把子末端安装横柄，便于双手摇动并向下压，齿长50 cm以上，叉重约20 kg。用于采挖黄芪、甘草、大黄等深根性中药材，采挖药材根系长度可达70 cm。图6-17中的四齿长铁叉，齿长50 cm，齿厚3 cm，柄长120 cm，重20 kg，用于采挖黄芪、甘草等深根性药材。

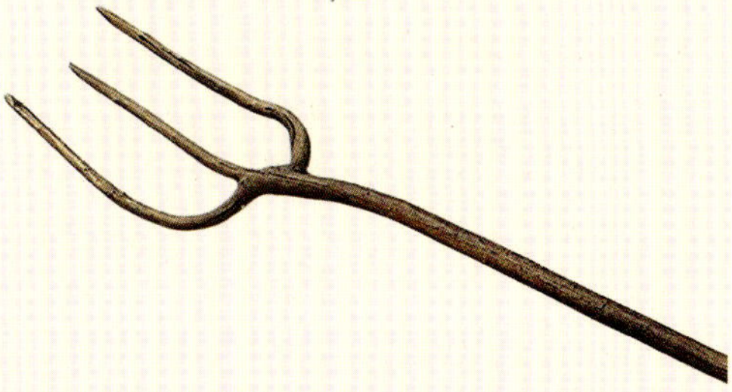

图6-14　轻叉

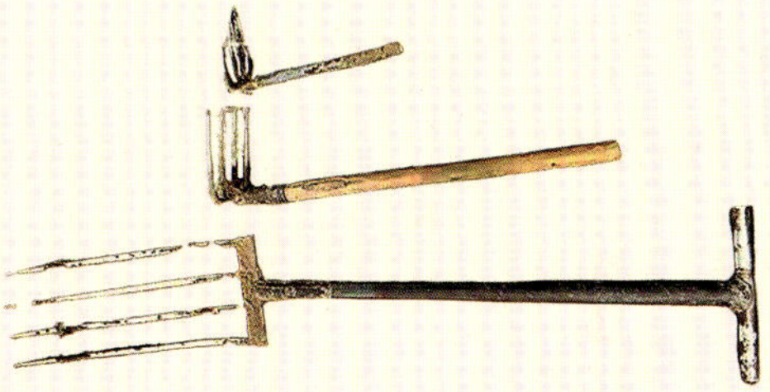

图6-15　小叉

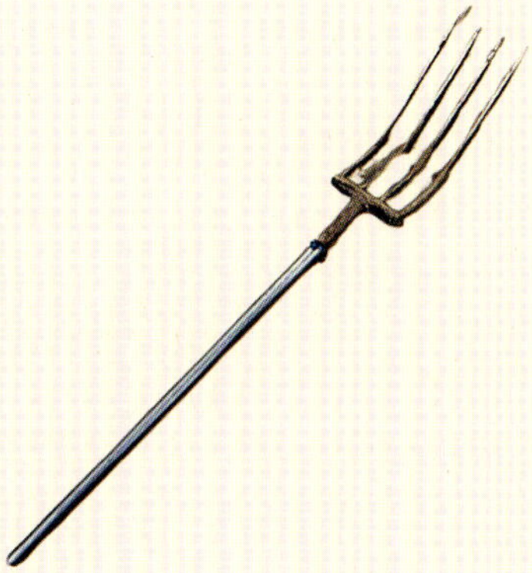

图6-16　四齿长铁叉（一）

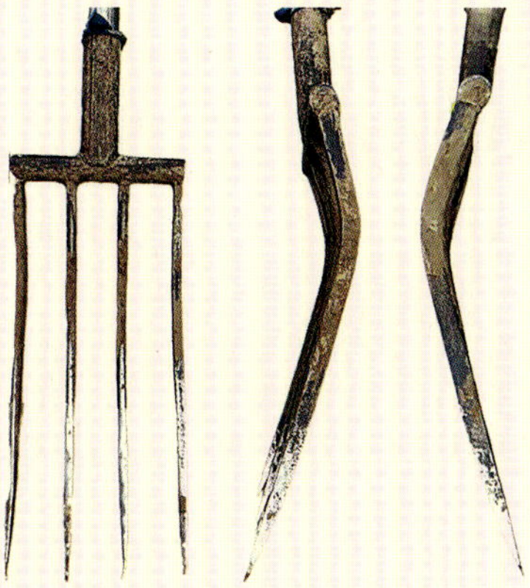

图6-17　四齿长铁叉（二）

六、机动挖药机

1.叉式挖药机

窄幅叉式挖药机（图6−18），铁叉齿长60 cm，幅宽1 m以内，适合采挖黄芪、甘草、苦参、大黄等深根性药材。地块较小、机耕道路不好的地区可以选用。

宽幅叉式挖药机（图6−19、图6−20、图6−21），铁叉齿长40 cm左右，幅宽2 m左右，适合采挖党参、当归、黄芩、板蓝根等根系相对较浅的药材，可以减少根系受伤或断裂，采挖速度较快。

图6−18　窄幅叉式挖药机

图6−19　宽幅叉式挖药机（一）

图6−20　宽幅叉式挖药机（二）

图6−21　宽幅叉式挖药机（三）

2. 挖掘机

挖掘机（图6–22、图6–23、图6–24），用于采挖红芪、黄芪、甘草、大黄等深根性药材。地块较小、坡度较大、机耕道路不好的地区可以选用。

图6–22　挖掘机（一）

图6–23　挖掘机（二）

图6–24　挖掘机（三）

3. 4Y-1.6药材收获机

4Y-1.6药材收获机（图6-25），可将药材根系和土壤一体铲起，振动筛去土壤，将药材筛出。该机是大、中型轮式拖拉机配套的悬挂式长根茎类作物收获机具，适用于砂质壤土、中等黏土栽植的党参、黄芪、黄芩等多种长根类中药材的机械收获，作业时振动筛起到分离的效果，可将根茎振动分离后撒于地表。

图6-25　4Y-1.6药材收获机

4. 振动式挖药机

振动式挖药机（图6-26），可将药材根系和土壤一体铲起，振动向后传动，筛去土壤，将药材筛出。图6-27所示的振动式挖药机，适合采挖黄芪、甘草、柴胡等。

图6-26　振动式挖药机

图6-27　振动式挖药机

5. 党参收获机

传送带式党参收获机（图6-28），是中型轮式拖拉机配套的悬挂式长根茎类作物收获机具，适用于砂质壤土、中等黏土栽植的党参机械收获。作业时，两级输送链起到分离的效果，将根茎分离后撒于地表。该收获机的输送链条中采用了特制的塑钢传送带，有效降低了党参的损失率。

图6-28　传送带式党参收获机

传送式挖药机（图6-29、图6-30），适合当归、党参采挖。

图6-29　传送式挖药机（一）

图6-30　传送式挖药机作业（二）

6. 4UD-170型挖药机

4UD-170型挖药机（图6-31），作业效率为1000～1300 m^2/h，属于传送带式采挖机，可一机多用，尤其适合采收当归、党参，且不易损伤根系，采挖深度可调，分离效果好，收净率高。

图6-31　4UD-170型挖药机

7. 传送带式挖药机

传送带式挖药机（图6–32），前端有带刃的铲，铲可将根层铲起，铲起后的根层随着牵引前行，药材和土壤通过传送带向后移动，通过链式传动和振动抖去土壤，适合当归、党参等根系脆弱易伤药材的采收。图6–33为传送带式挖药机的作业场景。

图6–32　传送带式挖药机

图6–33　传送带式挖药机作业

8. HTSU系列震动式药材收获机

HTSU系列震动式药材收获机（图6–34），是大、中型轮式拖拉机配套的悬挂式根茎类作物收获机具，适用于砂质壤土、中等黏土栽植的生地、丹参、远志、板蓝根、柴胡、黄芪、白芷、黄芪、川地龙等多种中药材的机械收获。作业时振动筛起到分离效果，将根茎振动分离后撒于地表。

图6–34　HTSU系列震动式药材收获机

第二节　浅根性药材采挖器具

一、手耙

1. 手耙

手耙（图6–35），用于采挖半夏。齿长约15 cm，柄长约35 cm。

2. 浅手耙

浅手耙（图6–36），用于采收半夏。

图6–35　手耙

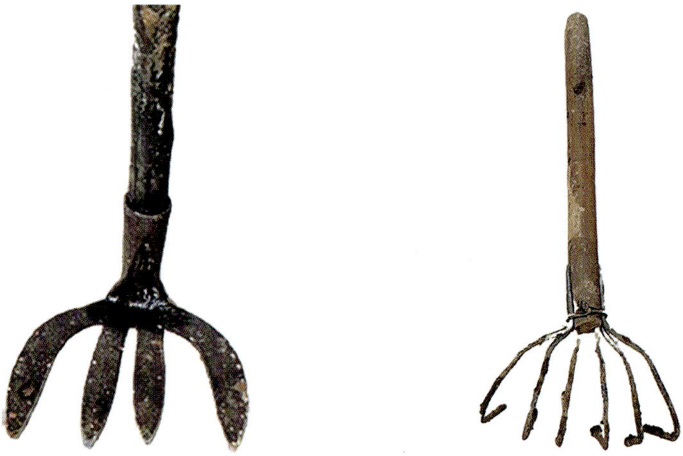

6–36　浅手耙

二、半夏采挖机

1. 平筛式半夏采挖机

平筛式半夏采挖机（图6-37、图6-38、图6-39）作业时，将播种床土壤铲起传送到平筛上，通过茎秆前后振动将土壤和半夏分离。

图6-37　平筛式半夏采挖机（一）

图6-38　平筛式半夏采挖机（二）

图6-39　平筛式半夏采挖机（三）

2. 滚筒式半夏采挖机

HTG系列球形类药材收获机（图6–40），是大、中型轮式拖拉机配套的牵引式根茎类作物收获机具，适用于沙性或较松散土质栽种的南星、半夏、元胡、麦冬、人参果、贝母等多种药材的机械收获工作。作业时，将播种床铲起后传送到滚筒中，随着滚筒旋转将土块摔碎筛除。图6–41为滚筒式半夏采收机作业图，图6–42为滚筒式半夏、天南星采收机。

图6–40　HTG系列球形类药材收获机

图6–41　滚筒式半夏采收机

图6–42　滚筒式半夏、天南星采收机

3. 传送带式半夏采挖机

地隆牌根茎收获机（图6–43），是中型轮式拖拉机配套的悬挂式根茎类作物收获机具，适用于沙性或较松散土质栽种的半夏药材的机械收获。作业时，将播种床铲起后传送到向后移动的筛链中，随着筛链的移动和振动将土块筛除。图6–44为半夏采挖机作业图。

4. 地隆YXK–120系列根茎收获机

地隆YXK–120系列根茎收获机（图6–45），是大型轮式拖拉机配套的牵引式根茎类作物收获机具，适用于沙性或较松散土质栽种的天南星、半夏、元胡、贝母等小块茎类药材的机械联合收获。作业时，将播种床铲起后传送到滚筒中，随着滚筒旋转将土块摔碎筛除。

图6-43　地隆牌根茎收获机

图6-44　半夏采挖机作业

图6-45　地隆YXK-120系列根茎收获机

5. 振动筛式半夏采挖机

振动筛式半夏采挖机（图6–46），安装有两层振动筛，作业时将播种床铲起后传送到振动筛中，随着筛移动和振动将土块震碎并筛除，半夏筛出后装入后置的收集箱中。

振动式根茎收获机（图6–47），是中型轮式拖拉机配套的牵引式根茎类作物收获机具，工作时筛网前后振动分离块茎，适用于沙性或较松散土质栽种的半夏药材的机械收获。

图6–46　振动筛式半夏采挖机

图6–47　振动式根茎收获机

三、鳞茎采挖器具

1. 手叉

手叉（图6–48），刃部尖，长约20 cm，柄长约30 cm。用于采挖冬虫夏草、川贝母等。右图为刚采挖的冬虫夏草。

2. 采挖凿

采挖凿（图6–49），刃部扁尖，距刃部30 cm处有脚踏横杆，柄末端有横向手柄。用于采收贝母等。

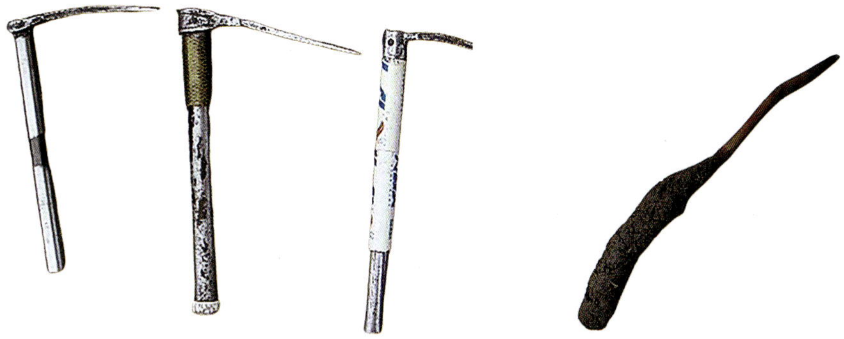

图6-48　手叉

图6-49　采挖凿

3. 塑料筐

塑料筐，用于盛装药材。图6-50为用塑料筐采收百合的场景。

图6-50　用塑料筐采收百合的场景

四、叶片采收器具

1. 4GL-90型割晒机

4GL-90型割晒机（图6-51），用于收获益母草、薄荷等地上部药材，或用于割去地上部茎秆，便于采挖根系。

图6-51　4GL-90型割晒机

2. 打叶机

打叶机（图6-52），用于采收大青叶、板蓝根等。

图6-52　打叶机

第七章
产地加工器具

第一节　干制设施与器具

一、晾晒设施与器具

1. 晾晒场地

晾晒场，通常由水泥硬化，配置棚膜、篷布、竹席、垫板等辅助器具，用于晾晒各类刚采收的鲜货，以便后续加工。晾晒期间遇寒流或雨雪需要用棚膜或篷布覆盖，以防冻害或伤水。清洗之后晾晒鲜货，需要铺垫篷布。图7–1为党参晾晒场，图7–2、图7–3为黄芪晾晒场，图7–4为枸杞晾晒场，图7–5为半夏晾晒场。晾晒干燥后，暂时堆垛（图7–6），等水分继续散失，可覆盖竹席防雨。图7–7为晾晒用的塑料垫板。

图7–1　党参晾晒场

图7-2　黄芪晾晒场（一）

图7-3　黄芪晾晒场（二）

图7-4　枸杞晾晒

图7-5　半夏晾晒

图7-6　垛堆

图7-7　塑料垫板

2. 耙

木耙（图7-8），在宽12 cm、长30～40 cm的木板上安装木柄和木齿后制成，其齿长约6 cm，用于翻晒药材。

钝齿耙（图7-9），具有三齿或五齿，齿长约15 cm，齿尖部位做成圆球状，以免作业时伤及药材。用于翻晒根系较长的或全草类药材。

尖齿耙（图7-10），耙宽约40 cm，木齿长约10 cm，用于翻晒药材、耙地，也可用于采挖之前耙收党参、黄芪等药用植物的茎藤。

手耙（图7-11），属小型耙，柄长约80 cm，宽约20 cm，齿长约6 cm。用于小面积晾晒药材或切片翻动，也用于较大的加工桌面取料。

小手耙（图7-12），具有两齿，柄长约40 cm，宽约15 cm，齿长约6 cm。用于较

图7-8　木耙

图7-9　钝齿耙

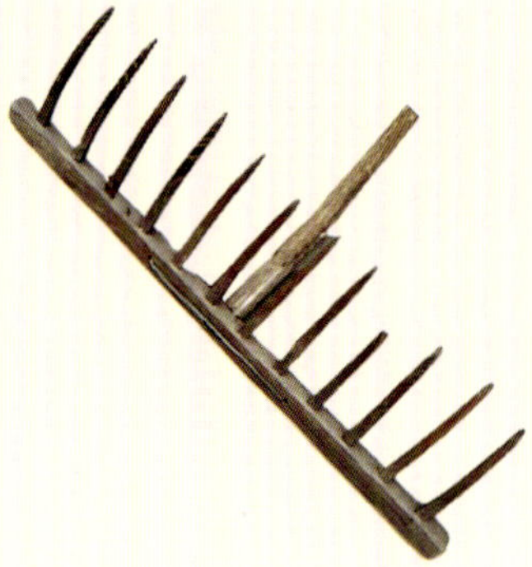

图7-10　尖齿耙

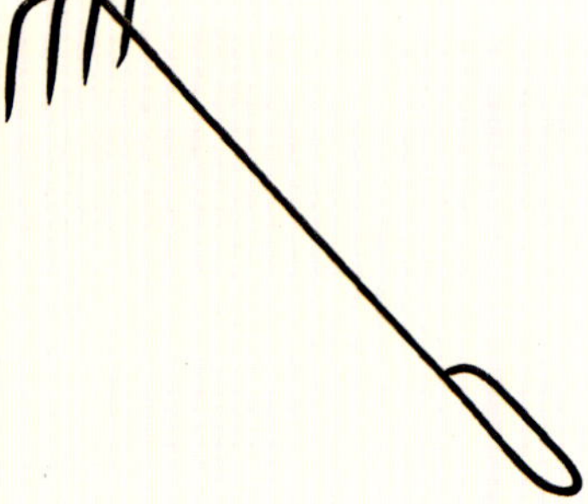

图7-11　手耙

大的加工桌面取料。

3. 锨

撮锨（图7-13），锨体呈条带状漏网，用于块状中药材晾晒时翻动药材、撮装块状药材，如当归头，大黄块等。另外，可将细碎的渣子、沫子漏到下面，起到筛分的作用。

4. 叉

木叉（图7-14），选自然分叉的树枝做成，长短大小多样，用于晾晒时翻动中药材或堆垛。

铁叉（图7-15），用于翻晒大青叶。

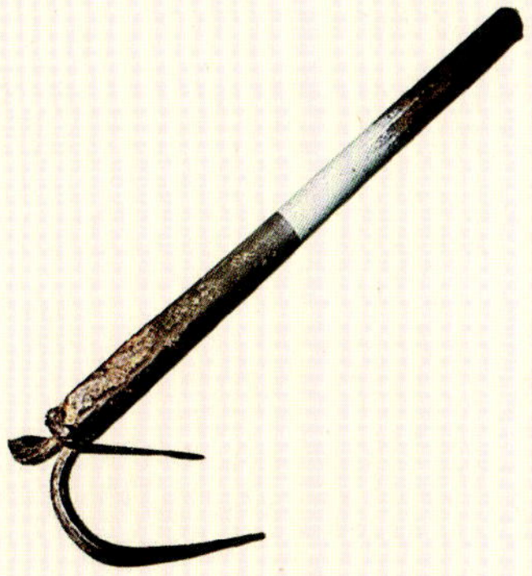

图7-12　小手耙

图7-13　撮锨

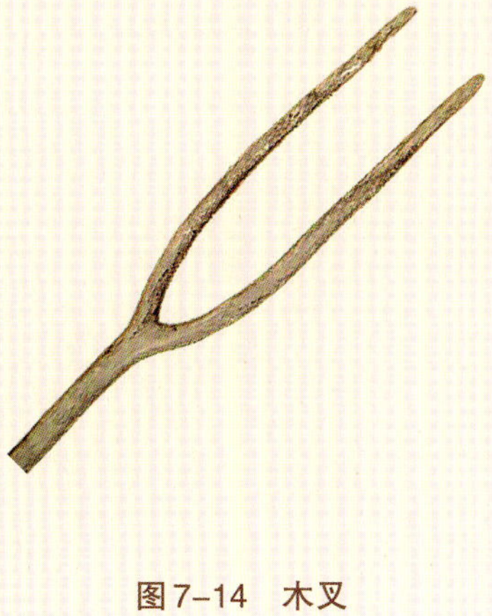

图7-14　木叉

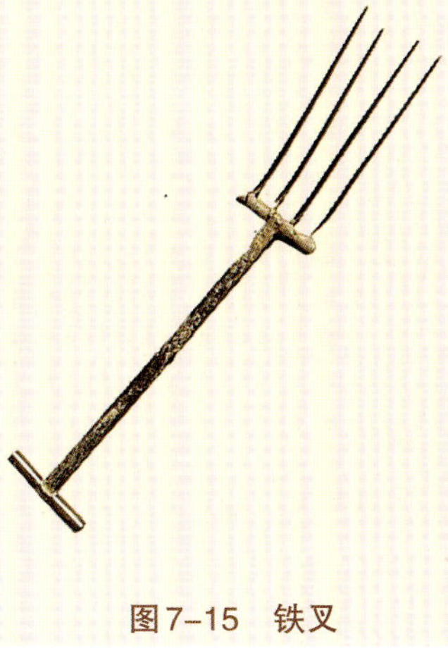

图7-15　铁叉

5. 晾晒架

党参晾晒架及木楼（图7–16）。晾晒架是用木椽或钢管绑扎的架子，用于挂晒党参等上串的药材，以加快药材的脱水速度。木楼是两面通透的土木结构楼房，通常为二层，木楼内部安装成排的木椽，木椽两边钉入铁钉，以便将党参挂在铁钉上风干。图7–17为党参晾晒架。图7–18为用角铁做成的党参晾晒架，其下部安装轮子，可以移动，上部放置多条钢管。将三根椽子一端捆扎，另一端三角形分开，便制成了三角柱晾晒架（图7–19）。将党参串连接后一圈圈绕着架子形成中空的结构，以加快党参水分散失。图7–20、图7–21为大黄晾晒架，图7–22为当归头晾晒架，图7–23为甘草晾晒架。

图7–16　党参晾晒架及木楼

图7–17　党参晾晒架

图7-18　党参晾晒架

图7-19　三角柱党参晾晒架

图7-20　大黄晾晒架（远景）

图7-21　大黄晾晒架（近景）

图7-22　当归头晾晒架

图7-23　甘草晾晒架

6. 笸箩

笸箩（图7-24、图7-25），用竹篾编织而成，编织风格和大小规格多样，多用于晾晒传统手工切片，这些切片主要用于药膳。图7-26为用笸箩晾晒当归归头片。

图7-24　笸箩（一）

图7-25　笸箩（二）

图7-26　笸箩（三）

筛式笸箩（图7-27），用竹篾编织而成，大小和编织种类多样，空隙较普通笸箩多，通透性好，水分散失较快。图为党参串晾晒。

图7-27 筛式笸箩

7. 晾晒棚

晾晒棚（图7-28），下面是硬化场地，顶部建成防雨棚，透光或不透光，四面无隔墙，通风条件好，可以利用早晚光晾晒药材，同时避免中午强光暴晒，可防雨雪。使用晾晒棚晾晒中药材，干燥较快。图为晾晒大黄。

图7-28 晾晒棚

二、烘干设备

1. 烘床

烘床（图7-29）。用金属筛网建成，下部可加热，安装鼓风机可将热气吹进烘床，热气通过药材后排出，使药材失水干燥。

图7-29　烘床

2. 烘房

烘房（图7-30）。通过电加热，内部安装风机可使空气对流，设置排风口可将湿空气排出。使用时，药材置于烘盘内，烘盘置于烘架上，烘架底部安装轮子，便于推动。图7-31为烘盘与烘架，图7-32为用烘房烘干当归把子，图7-33为用烘房烘干大黄。

图7-30　烘房

图7-31　烘盘与烘架

图7-32　烘房烘干当归把子

图7-33　烘房烘干大黄

3. 太阳能烘干棚

太阳能烘干棚（图7-34），大多坡面向南，东西走向，宽度和长度根据地面实际情况确定，内部可以安装架子，空间很大，可以高效烘干鲜药材或切片。

图7-34　太阳能烘干棚

4. 太阳能干燥温室

太阳能干燥温室（图7-35），大多屋面向南，正东西走向，宽度7～10 m，长度根据地面实际情况确定，前屋面下部安装高约1 m的通风窗，便于干冷空气进入，后墙面顶部安装高约1 m的通风窗，便于湿空气排出，形成自动排风，内部可以安装架子。可使药材夜间低温糖化、白天高温脱水，实现变温干燥，整个烘干过程无污染、成本低，可防雨雪，可高效烘干鲜药材或切片。图7-36为太阳能烘干房放置药材的架子。

图7-35　太阳能干燥温室

图7-36　太阳能烘干房放置药材的架子

5. 熏棚

熏棚（图7-37），属于土木结构，通过就地取材建成，大小按需要设计，房内安装木椽做成的架子，架子上铺设竹子或藤条做成的帘子，帘子上放置药材，地面有火盆或火炕，利用燃烧不干的薪柴产生的烟气熏干药材。用于当归、大黄烟熏干制。掌叶大黄含水量高，块大，易糠，至今无法用其他干制方法取代传统熏干方法。

图7-37　熏棚

6. 烘干机

中药烘干机（图7-38），通过传送带运输中药。

7. 空气能热泵循环烘房

空气能热泵循环烘房（图7-39），由空气能热泵机组、导风系统、保温箱体、热交换器、气流循环系统、电辅助系统、温湿度检测系统及智能控制系统等组成，容积及功率大小多样。

图7-38　中药烘干机

图7-39　空气能热泵循环烘房

第二节　修制与切制器具

一、整形修制器具

1. 刀

刀（图7-40），用于削去侧根、芦头等。图为选切当归头。

图7-40　刀

2. 剪刀

剪刀（一）（图7-41），用于药材修剪整形。

剪刀（二）（图7-42），用于黄芪节子修制整形。黄芪节子货干后有断面裂隙、变形、侧根未去尽等现象，出售前需要修剪整形。

剪刀（三）（图7-43），用于黄芪修制，如剪掉黄芪芦头及侧根，将黄芪加工成节子货。

图7-41　剪刀（一）

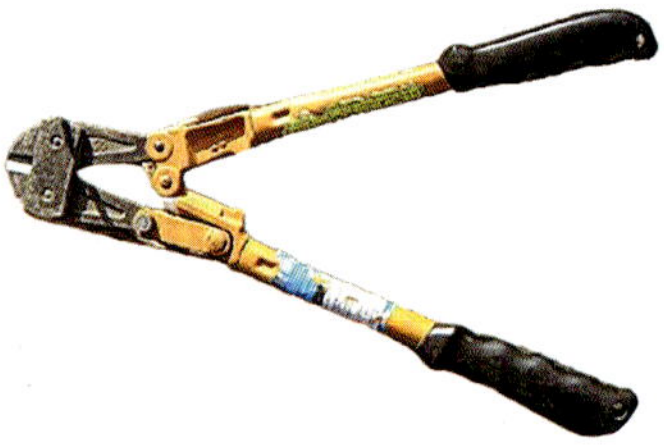

图7-42　剪刀（二）

图7-43　剪刀（三）

3. 针、线

顶针（图7–44），用于串党参、当归头等，戴在中指或无名指上，推动针插入药材。

针、线（图7–45），用于串党参、当归头、大黄等。药材采收后用针线串成1 m左右的串，便于晾晒和揉搓。

图7–44　顶针

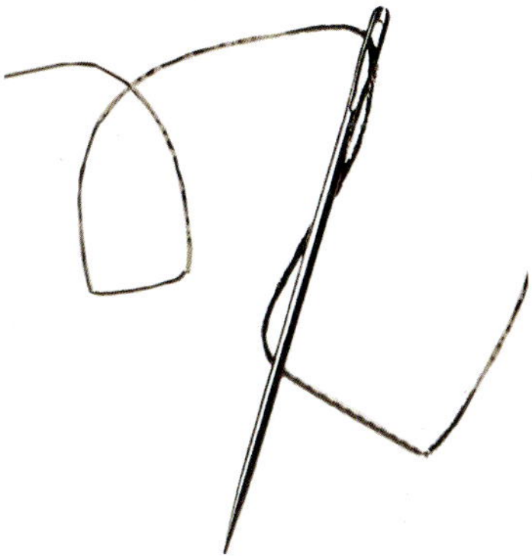

图7–45　针、线

图7–46为用针线将当归头串起来晾晒。图7–47为串好的党参串。

图7–46　用针线串当归头

图7–47　党参串

4. 串药机

串药机（图7–48），用于党参上串。作业时，将党参摆在传送带上，传送带带动党参向前移动，穿过中间的铁丝，串到约1 m长即可。

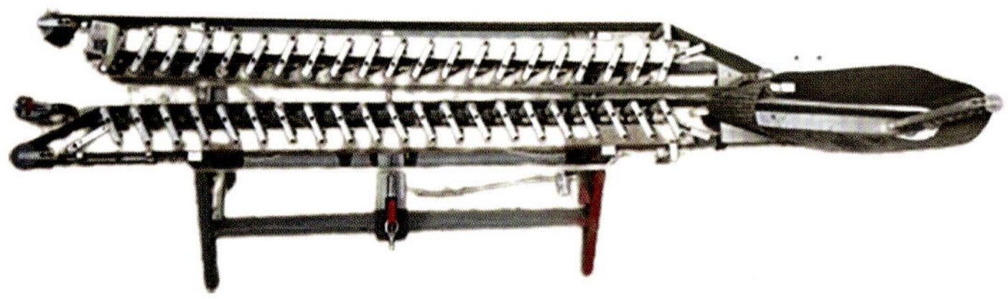

图7-48　串药机

5. 揉搓器具

揉搓，分手工揉搓和机械揉搓。手工揉搓涉及的器具有编织袋或麻包、绳子、凳子等；机械揉搓是使用搓药机代替人工揉搓的一种机械化的揉搓方法。图7-49为手工揉搓党参。具体操作方法：将上串的党参晾晒到柔软，用编织袋或麻包包裹，用脚踏并向前滚动，再用手拉编织袋两角并使党参卷滚动拉回，反复揉搓使党参根条顺直、肉紧实。当归揉搓与此相同，也可直接用手揉搓。药材揉搓后组织结构被破坏，可停止呼吸消耗，加快干燥。

图7-49　党参揉搓

图7-50为手工揉搓黄芪。具体操作方法：黄芪采收后晾晒至柔软，整顺卷成圆柱状装入编织袋，将绳子一端系到凳子腿上，然后从下部在黄芪卷中间绕一圈，绳子另一端拿在手上，双脚适当用力踩压黄芪卷并使其向前滚动，再用手拉绳子使黄芪卷滚动拉回，反复揉搓使黄芪根条顺直、肉紧实、裂隙少。甘草揉搓与此相同。

图7-51、图7-52为搓药机，机架上安装有电动机。作业时，先将药材卷成圆柱状包裹在编织袋里，再将编织袋置于揉搓板上，开机后揉搓板前后移动，使药材前后滚动，以达到揉搓效果。搓药机代替人工揉搓，可提高揉搓效率，降低人工成本。

图7–50　黄芪揉搓

图7–51　搓药机（一）

图7–52　搓药机（二）

6. 镇压器

镇压器（图7-53）。用石头制成圆柱形磙子，磙子长40～60 cm，直径20～30 cm，两侧中间安装轴，用来拉动镇压党参、黄芪等中药材，使之减少呼吸消耗、根系顺直、肉紧实。

图7-53　镇压器

压药架（图7-54）。党参等药材干制过程中出现弯曲不直、皮肉松泡等现象时，将药材整顺，一层层摆平置木板上，再压重物，进行镇压整形，使之顺直紧实。

图7-54　压药架

7. 扎把器具

扎把过程中使用的器具主要有绳子、线、刀等。

图7-55为黄芪把。扎把操作方法：将黄芪节子整理成圆柱状把子，把绳子一头固定，中间绕过黄芪把子，另一端勒紧，来回滚动黄芪把子使之捆紧，后用彩线捆绑，再将绳子放松移动到下一个捆扎位置，直至绑好整个黄芪把子，两端削齐即可。

图7-56为红芪把，捆扎方法同上述黄芪把子。

图7-55　黄芪把

图7-56　红芪把

二、清洗器具

1. 水枪

图7–57为用水枪清洗鲜党参。大多数药材新鲜时不需要清洗，通常在干制后待切制之前清洗。但有些药材干后很难洗干净，枝条之间或折皱之间的土壤难以清除。图7–58为用水枪清洗干党参。

图7–57　水枪清洗鲜党参

图7–58　用水枪清洗干党参

2. 高压清洗机

图7–59为高压清洗机。

图7–59　高压清洗机

3. 半夏去皮机

半夏去皮机（图7–60）。用圆柱形桶做成，中间安装轴，轴上安装叶片，叶片上固定橡皮，侧面安装电动机，电动机驱动叶片旋转，通过叶片的旋转打磨去掉半夏皮，并将其清洗干净。

图7–60　半夏去皮机

笸箩（图7–61），用于半夏脱皮后漂去半夏皮。

4. 漏勺

漏勺（图7–62），用于将漂在水面的半夏皮捞出，也可在淘洗种子或水选种子时将浮水的瘪籽去掉。

图7-61 筐箩

图7-62 漏勺

5. 洗药桶

洗药桶（图7-63、图7-64），其大小多样，桶上开口和侧面开口可以放入药材，通常中间有喷水管，筒壁多有喷水小孔，安装电动机驱动旋转。

图7-63 洗药桶（一）

图7-64 洗药桶（二）

6. 洗药机

图7-65为洗药机。

三、盛装器具

1. 竹筐

竹筐，用竹篾做成，用于中药材加工过程中暂时盛装中药材。图7-66中竹筐盛装的是黄芪，图7-67为当归垛，图7-68为黄芪捆，图7-69为黄芪节子，图7-70为竹筐盛装的当归，图7-71为竹筐盛装的党参。

图7-65　洗药机

图7-66　竹筐

图7-67　当归垛

图7-68 黄芪捆

图7-69 黄芪节子

图7-70 竹筐盛装的当归

图7-71　竹筐盛装的党参

2. 笸箩

笸箩（图7-72），由竹篾、藤条或塑料片编制而成，用于盛装物料、晾晒中药材。

图7-72　笸箩

四、切制器具

1. 压板

压板（图7-73），用于当归佛手切片之前的压制。图7-74为压扁的当归归头。

图7-73　压板

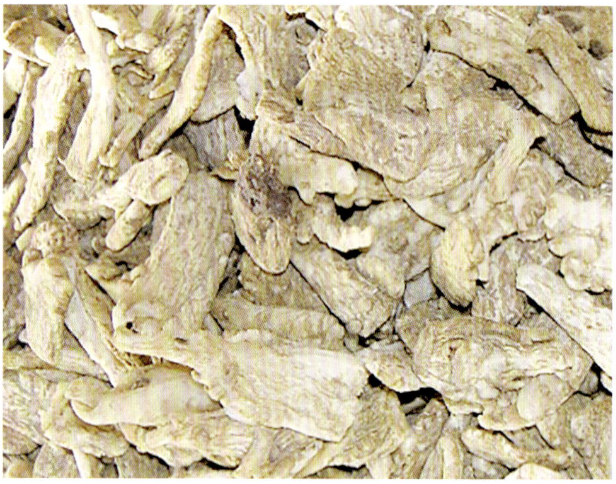

图7-74 压扁的当归归头

2. 垫板

垫板（图7-75），用于切制当归佛手片、黄芪宽带片。

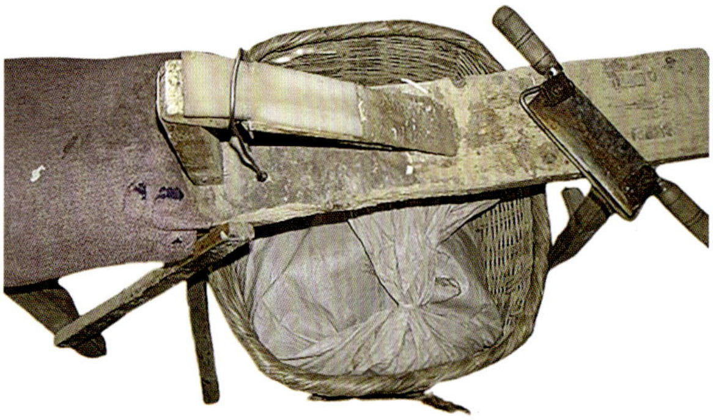

图7-75 垫板

3. 刨刀

刨刀（图7-76），用于切制当归佛手片、黄芪宽带片。图中上图为刨刀反面，下图为刨刀正面。图7-77为当归佛手片，图7-78为黄芪切片。

图7-76 刨刀（上图为反面，下图为正面）

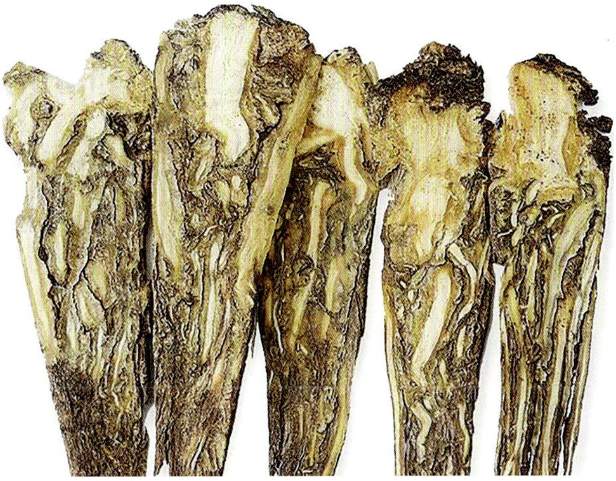

图7–77　当归佛手片

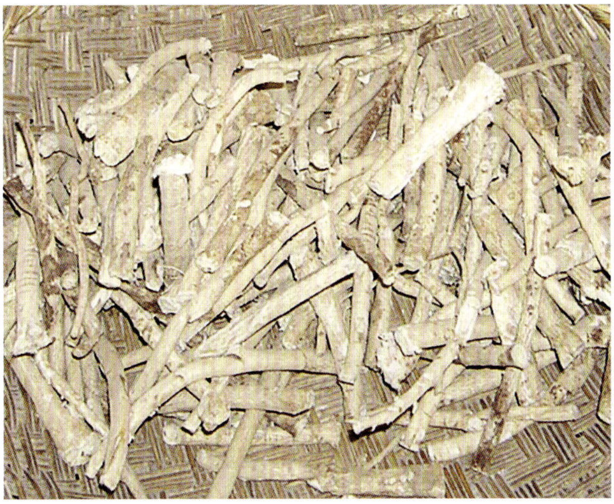

图7–78　黄芪切片

4. 党参下串凳

党参下串凳（图7–79）。凳的一端安装木块，钉入铁钉，将党参串中间卡到钉子上，用力拉下党参。

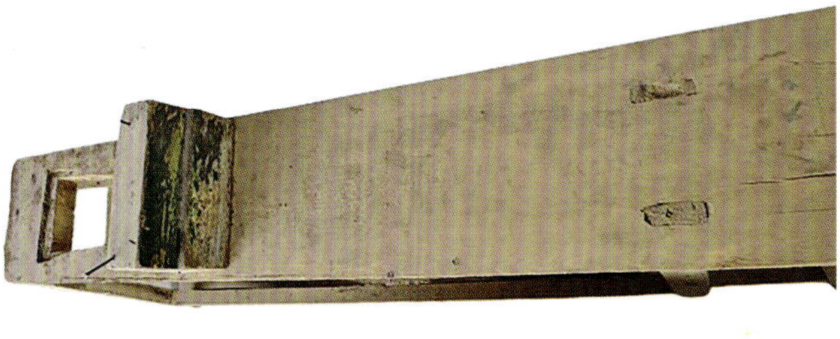

图7–79　党参下串凳

5. 切刀

图7-80中左图为用切刀切黄芪片，右图为切好的黄芪片。

图7-80 切刀、黄芪切片

6. 剪刀

剪刀（图7-81），用于黄芪马耳片修制。

图7-81 剪刀

7. 铡刀

图7-82为切药铡刀。

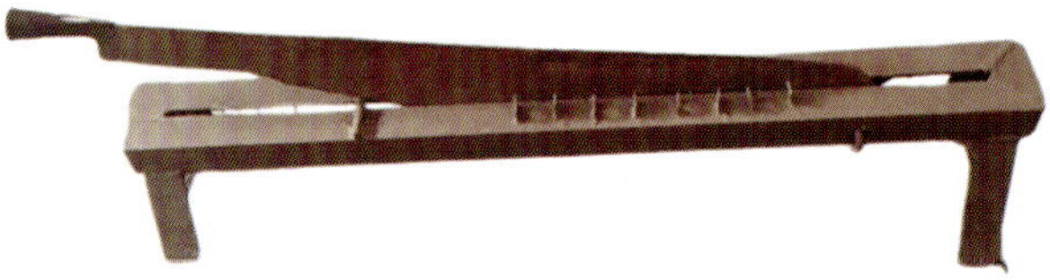

图7-82 切药铡刀

8. 切药刀

切药刀（图7–83），将其安装在木凳上，通常用于横切圆片。

图7–83　切药刀

9. 压扁机

压扁机（图7–84）。两根金属管之间留一缝隙，缝隙一端较窄，约0.3 cm，另一端较宽，约3 cm。黄芪压扁时开动电机，两管开始反向旋转，从较宽的缝隙插入润软的黄芪，从下面取出，再从稍窄的位置插入，从下面取出，反复压扁至需要的厚度即可。

图7–84　压扁机

图7–85为压扁的黄芪，图7–86为将压扁的黄芪用刨子加工成黄芪宽带片，图7–87为加工好的黄芪宽带片。

图7-85　压扁的黄芪

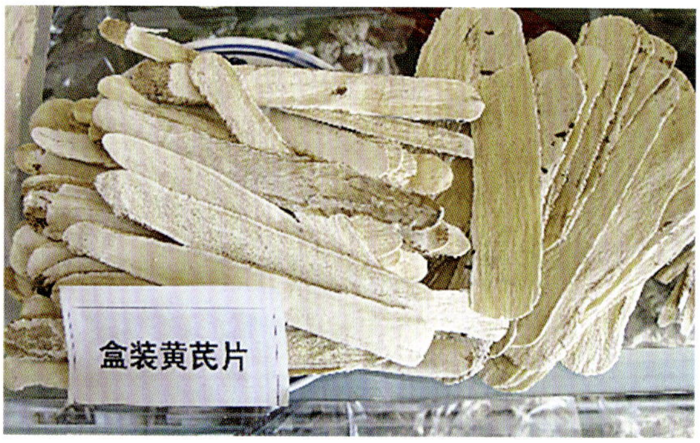

图7-86　压扁的黄芪用刨子加工成黄芪宽带片

图7-87　黄芪宽带片

10. 切药机

图7-88为切药机。

图7-88　切药机

11. 宽锨和铁耙

大铁锨（图7-89），用于切片翻动和装袋。图中为当归片。

宽锨（图7-90），用于切片翻动和装袋。

铁耙（图7-91），用于切片翻动。

塑料耙（图7-92），用于晾晒时翻动药材，图为晾晒半夏。

图7-89　大铁锨

图7-90　宽锨

图7-91　铁耙

图7-92　塑料耙

12. 风车

风车（图7-93），用于吹去碎末杂质。

图7-93　风车

13. 悬挂筛

悬挂筛（图7-94），用于半夏分级。

图7-94　悬挂筛

14. 药筛

筛子（图7-95、图7-96），有多重网筛，可以将切好的片分级。

图7-95　筛子（一）

图7-96　筛子（二）

15. 推车

推车（图7–97），用于运输药材、麻包、纸箱等。

图7–97　推车

16. 传送带

传送带（图7–98），用于切片筛分，选出异形片。

图7–98　传送带